糖的故事

[英] 詹姆斯·沃尔韦恩（JAMES WALVIN）著
熊建辉 李康熙 廖翠霞 译

中信出版集团 | 北京

图书在版编目（CIP）数据

糖的故事 /（英）詹姆斯 · 沃尔韦恩著；熊建辉，李康熙，廖翠霞译 . -- 北京：中信出版社，2020.6（2020.7重印）

书名原文：Sugar: The World Corrupted，From Slavery to Obesity

ISBN 978-7-5217-1774-7

Ⅰ . ①糖… Ⅱ . ①詹… ②熊… ③李… ④廖… Ⅲ . ①食糖—普及读物 Ⅳ . ① TS245-49

中国版本图书馆 CIP 数据核字（2020）第 062460 号

糖的故事

著　　者：[英] 詹姆斯 · 沃尔韦恩
译　　者：熊建辉　李康熙　廖翠霞
出版发行：中信出版集团股份有限公司
（北京市朝阳区惠新东街甲 4 号富盛大厦 2 座　邮编　100029）
承 印 者：北京楠萍印刷有限公司

开　　本：880mm × 1230mm　1/32　　印　　张：10　　字　　数：215 千字
版　　次：2020 年 6 月第 1 版　　印　　次：2020 年 7 月第 2 次印刷
京权图字：01-2020-1408　　广告经营许可证：京朝工商广字第 8087 号
书　　号：ISBN 978-7-5217-1774-7
定　　价：59.00 元

当我还沉浸在糖的研究天地里时，

我的孙儿麦珂思·沃尔韦恩出生了，

他很快证明他就是世界上最可爱的人。本书是给他的礼物！

前　言

儿时，我家的正对面是一家小报刊店。但所有邻居家的孩子们都称它为“糖果屋”。小店的柜台上摆放着英国各种全国性和地方性报纸，柜台后面则堆着一排排的瓶瓶罐罐，里面装满着我们爱吃的糖果。有时，店主会免费送我们几块；有时，我们会用自己的零花钱去买。在20世纪40年代和50年代，只要当时的食品配额券允许，我们就会尽可能多地买一些糖。但大多数时候，我们只能眼巴巴地看着那些罐子。因为在那个时候，钱和物资都十分有限。沿着街道再往前走50码（45米），还有一家糖果店。那是一间邋遢的小平房，里面只卖糖果和巧克力。光有这些，好像还远不够过瘾。我们还可以去街对面的Co-op（合作社连锁店，英国消费合作社运动的产物，历经变革后它已发展成为大型现代公司），满怀骄傲地带回一些诱人的巧克力和糖果；除此之外，还有饼干和蛋糕。即便是在那个经济拮据的年代，这些店铺就像装满各种甜食的聚宝盆一样，且都只离我们家不过数百码远。

我们都喜爱甜食，第二次世界大战（简称“二战”）期间和战后的配额限制只会让我们对甜品的欲望变得愈发强烈。有时我们会用一个配额物去交换其他物品，甚至不惜动用生活必需品去交换，就是为了享受甜品带来的那一丝快乐。我的母亲就曾用仅有的一点培根配额去换取祖父母的甜品配额。

这种对甜食和巧克力的依赖，并不是我家所独有的。在整个社区，人们普遍如此。我所有的小伙伴们和他们的家人，都对甜食上瘾。在节假日、生日、圣诞节和圣灵降临节（曼彻斯特地区的一个重要节日）期间，孩子们都会收到巧克力、糖果等特别礼物。甚至于，当每年夏天我们从加工棉花的工业小镇长途跋涉到兰卡斯特郡西部的爱尔兰海边度假时，我们能享受到的海滨美食之一就是那些甜甜的黑潭（Blackpool，英国著名海滨度假胜地）棒棒糖，它们拿在手里黏黏糊糊的，却硬得足以磕掉牙齿。可以想象，当1953年甜食配额制结束时，当地的商店由于人们长久以来受到抑制的甜食诱惑而被迅速“洗劫一空”。我们兄弟俩抢到了一小盒吉百利牛奶巧克力。

人们对糖果的热爱，只是糖在人们生活中所扮演角色的一个缩影。事实上，糖无处不在。它和茶壶一起摆在餐桌上最显眼的位置。那里不仅是人们就餐的地方，也是女人们成群结队地进出房间聚会聊天的地方。平日里的社交生活因这些甜茶得以顺利地展开。我的爷爷对于浓茶的热爱，丝毫不亚于《英文字典》编撰者塞缪尔·约翰逊博士。他总是端着一马克杯浓茶，而且总是从那个始终摆放在集厨房、餐厅和客厅三合一的房间中的桌子上的糖袋里，舀起几勺糖加进去。

跟大多数人一样，我的母亲和她的闺蜜们总是不停地抱怨物资短缺，特别是糖的短缺。虽然现在回想起来，当时她们所能得到的配额似乎已经足够多了，甚至远远超过我家在一个星期内的用糖量。但在 1942 年到 1953 年的那个年代，什么东西都加糖。我们甚至带着糖去上学。我们带到学校供上午课间休息时吃的零食，就是几片吐司或面包，上面沾着甜腻的果酱，或者直接撒着一层糖。

这一切都发生在一个实施严格配给制的年代。在那段艰苦的日子里,我们尽最大所能凑合着熬了过去。然而,糖自始至终无处不在、如影随形。就像香烟一样，糖是生活中不可或缺的一部分。它存在于我们生活中的每一个角落，甚至我们都意识不到它的存在，除非在它发生短缺的时候。

我们因此还成了当地牙医诊所的常客。这并不是去做牙科定期检查，而是要拔除被糖腐蚀的牙齿。我所有的长辈们都装了假牙。我的父亲在他 21 岁时就拔光了所有的牙齿。我的母亲在她 30 多岁时，仅剩的几颗牙也都掉光了。奶奶、叔叔、姑姑及其他亲朋好友，所有人都安装了假牙。只有爷爷是个例外。他那为数不多的几颗牙齿，就像伊丽莎白一世的牙齿一样，既显得粗糙，且又毫无光泽，但好在还能凑合着用。没有人会觉得没有牙齿是一件怪异或非同寻常的事，即便他们掉牙所发生的年纪，在今天看来也算是极为年轻的。人们年纪轻轻就开始拔牙，部分原因是出于经济上的考虑——与花钱定期看牙相比，拔掉牙齿更加便宜。然而，最主要的原因还是因为有蛀牙。

在我家——我甚至怀疑在整个社区——戴假牙的成人比拥有健康牙齿的成人更多。假牙一度成为家庭调侃取乐的由头。记得有位亲戚，打喷嚏时把一副假牙喷飞了出去。我还记得去探望卧病在床的亲戚们，当看到他们泡在床头上的玻璃杯里的假牙冲着我龇牙咧嘴地笑时，我真是惊恐万状。还有一位年纪大的邻居弄丢了他自己的假牙，我们所有人硬是把他家翻了个底朝天，最后也没有找到。在那些更加正式的家庭聚会上，当亲戚们星期天应邀前来品“茶”时，他们那些不合体的、咔嗒作响的假牙就露出了马脚，从而引发当事人进一步讲述更丰富且更重要的故事。这些关于家庭生活的个人回忆，构成了本书后面章节的故事的重要源泉。当然，我在当时并没有意识到一点，但在现在看来却是显而易见：这一切的背后，隐藏着糖造成的普遍伤害和破坏。

我花了很长时间，才最终搞明白这一点。即便在20世纪60年代后期，当我在牙买加糖厂生活和工作的时候，我都还没有意识到糖和人们的健康之间的联系。作为一名初出茅庐的学院派历史学家，我和一个同事兼朋友合作，努力研究并出版了第一本书，主要记叙了一个糖料种植园从1670年到1970年的历史。正是由于对牙买加糖料种植园的研究，我开启了研究奴隶制的学术生涯。但是，我最初并没有将在牙买加糖料种植园里的非洲人和我成长的地方——英格兰北部联系起来。然而，两者之间有着密切的联系。

到了21世纪初期，我们对糖的认识已经发生了巨变。本书将试图解释这些是如何发生的。在某种程度上，我们看法转变的部分原因是我们对糖有了更多了解。不过，糖的发展方向却完全出乎我们的预料。即使我们的上一代人也无从知晓这一点。哪怕是回到1970年，极少有人会提及糖造成的全球性健康问题。然而，时至今日，人们经常指责糖如同香烟一样危险，容易使人上瘾，而且还是全球肥胖盛行的元凶。

但是，这一切是如何发生的呢？糖这种曾经只有王宫贵胄才能享用的昂贵商品，是如何成为普通人生活中的必需品的呢？此后，糖又是如何演化成引发全球重大健康问题的重要因素呢？

目　录

导　论

从奴役压迫到制造肥胖

糖是如何演化至今的呢？是什么促使世界数千万人如此喜爱糖，即使现代医学强调糖对身体有害，人们也对它不离不弃？更让人感到迷惑的是：2016 年夏天，某产品的无糖广告铺天盖地而来。那年夏天，数百万电视机前的观众都看到可口可乐那不同寻常的广告。在法国举行的欧洲杯总决赛赛场上（可口可乐是该赛事赞助商之一），全球数百万观众看到电子屏幕上闪烁的广告词："我们的新产品不含糖。"所有观众都能看到"无糖"这一广告词好几十次。

该系列赛事无疑是进行广告宣传的绝佳平台。作为仅次于奥运会和世界杯的赛事，本届欧洲杯总决赛会吸引全球几亿观众前来观赛。不含某种原料是可口可乐产品宣传的一大亮点。该广告宣称，其饮料不添加某成分，是无糖饮品。在欧洲杯赛事上投放广告费用高昂，仅在英国投放就需花费 1 000 万英镑。[1]但是，我们难以找到类似的广告宣传——不宣传其含某种成分，而着重宣传其不含某种原料，譬如此处的无糖饮品广告。

对英国观众而言，这则广告堪称是恰逢其时。因为就在 1 年前，英国政府在发布的一项重要报告中特别指出，几百万英国人因食糖过量而导致肥胖症的严重问题。[2]尽管过去几百年来，糖一直是英国人日常饮食的一部分；但是近些年来，糖却引起了广泛的社会和政治争议。在我孩童时代（“二战”时期、战后物资紧缺及限量配给时期），我的父母经常抱怨能弄到手的糖太少。而现在，为人父母的人则会因为受医生、报刊媒体和政治家们的言论，而不再过多地摄入糖。几个世纪以来，家长都用糖果安抚甚至宠溺小孩，但现在做父母的人的当务之急是对孩子们获取糖和其他甜食的渠道进行限制。事实上，糖的地位已不再如从前。尽管，在人们的记忆当中，糖不仅是生活必需品，而且还是给人带来愉悦感的必需品，是一个在使人们精神振奋和心情愉悦方面具有同等效力的商品。是什么使人们对糖——这个被讨论了几个世纪的人类饮食的一部分——的看法和言论产生如此大的变化呢？

尽管在过去的几个世纪，糖是西方人日常饮食不可或缺的一部分；但早在 17 世纪左右，糖却是奢侈品，只有富人阶层或权贵之士，才可以消费得起它。然而，这一切在 17 世纪发生了改变，原因是欧洲在美洲建立的糖料种植殖民地的兴起，糖由此变得便宜、广泛普及且风靡一时。现如今，曾经的奢侈品成为人们生活的必需品。糖曾一度仅出现在社会精英阶层的餐桌上，但到19世纪时，它已成为人们生活中的必需品，即使是在贫穷的工薪阶层中也不例外。这也是为什么直到20世纪中期，糖仍是数百万人生活中不可或缺的一部分，是各种食物和饮料的重要成分。尽管现在，报刊媒体一提及糖，就认为它对人们的身体健康造成了威胁。它不仅是导致人们身体欠佳的主要元凶，也是全球肥胖率上升的主要原因。因此，糖已经成为各国政府和国际健康组织最为关切的问题。

现在，全球用糖总量令人震惊，特别是那些产糖国的消费量最大，包括巴西、斐济和澳大利亚。澳大利亚人均每年消费50千克糖。其他国家的糖消费量也只是略低一点，如欧洲和北美洲的一些国家——这些地区的人早在1600年后就开始消费糖。前辈们食糖的情况也发生了翻天覆地的变化。这主要是受大量含糖快餐和气泡饮料的影响，这类饮食含糖量都极高。不过，其中的甜味不再是来自蔗糖，而是玉米或化学甜味剂。

由于食物和饮料中普遍含糖，因此糖原料的种植也遍布全球。甘蔗广泛种植于热带地区，而糖用甜菜主要种植于温带地区。不过，推动糖风靡全球的主要催化剂却是蔗糖。起初，印度尼西亚、印度和中国小规模种植蔗糖，只是为了满足当地市场的需求。从地中海的种植园引进甘蔗种植，再到大西洋岛屿引进甘蔗种植，情况逐渐发生了变化。特别是美洲引进甘蔗种植时，情况就大不一样了。甘蔗经由非洲奴隶（其也被奴隶主运往大西洋彼岸）种植并加工成糖，这大大改变了糖的分布情况，同时也改变了西方世界的味蕾。

在19世纪，当欧美列强结束内部纷争，开始与其他国家进行贸易时，他们将糖料种植经营模式移植至其他地区：印度洋岛屿、非洲、印度尼西亚、太平洋岛屿及澳大利亚。但无论糖在何地种植生产，当地的糖料种植园主都会遭遇到劳工问题。他们通过引入契约劳工，以解决这一难题。从巴西到夏威夷，这一个个种植园成了外来人口的家园。他们背井离乡、不远万里来到种植园，从事艰苦而又繁重的种植工作。

即便艰辛如斯，但糖料种植的收益却向种植园主和投资者们证明了其价值，但种植园的发展也切实需要付出一定的代价。糖料种植严重破坏了自然环境。从17世纪的巴巴多斯岛到如今的佛罗里达大沼泽地，一直以来，糖料的种植对生态环境造成了巨大的危害。然而直到现在，人们才完全意识到这一问题的严重性。与此同时，糖料种植也造成了巨大的人力成本的损失，如16世纪时巴西的第一批奴隶、斐济的印度契约劳工、夏威夷的日本劳工，以及19世纪末运往澳大利亚的南太平洋诸岛居民。糖料种植曾是个产出极难的行业，是靠奴隶和契约劳工的辛勤劳作，才使糖这一奢侈品逐渐变成我们的日常必需品。在18世纪到20世纪这大约两个世纪的时间里，糖已成为全世界人民日常饮食的必需品。

显而易见，糖有其与众不同之处，使得人们喜欢并最终依赖于它。随着全球人口的增长，特别是在19世纪数百万人在日常饮食中更喜爱用糖，只要有机会，人们便种植甘蔗，以满足他们对糖的渴望。到19世纪后期，即便是在较为寒冷的气候下，人们也可以种植甘蔗了。糖用甜菜的种植首先兴起于欧洲，然后传播至北美广袤的地区，这满足了全世界对糖日益增长的需求。约1个世纪后，随着化学甜味剂和玉米甜味剂的发展，甜料的产量得到进一步提高。到20世纪末，人们对糖的需求量大约每年增长2%，部分原因是日益扩大的人口规模所需，也因为新兴发展中国家生活水平的改善所致。世界上越来越多的人，倒十分像18世纪和19世纪的西方人，开始喜欢上甜食或甜饮。越来越多的人富裕起来，他们对甜料的需求也越来越旺盛。

从美洲国家的奴隶开始种植甘蔗那一刻起，糖就变得举足轻重、至关重要，一度成为政治、经济乃至国际争端的根源。即使在当下，糖仍然是各国之间和国际组织内部激烈争论的话题。由于受到人们对糖日益增长的需求的驱动，从而把各种利益、各类商品及其价格混为一体，令人费解。所有这些又将不同的生产者、消费者、国际组织及其协议编织成一张全球网络。在人们普遍认同糖确实对身体有害这一观念的同时，却仍然渴望更多的糖——这令人不解、捉摸不透。事实上，现在医学已经证实，糖对身体有害。因此，我们必须全面禁糖。

但是，“糖对身体有害”这一论断绝非最近才提出；当下如若认同糖是对我们有害的，那么，它是否曾对我们有利？其实，在过去的几个世纪里，糖在诸多方面始终都是有害的，不仅对种植糖料的劳工（非洲奴隶和契约劳工）而言如此，对糖料种植地区的生态环境也是这般。我们现在认识到，尽管糖是导致全世界越来越多的人身体状况不佳的罪魁祸首，但还是有越来越多的人以令人咋舌的数量来食用糖。糖一如既往地大受欢迎——甚至更胜往日。从数量上来看,人们的食糖总量已达到历史最高峰。但是,人们依然钟情于糖。

那么，以上种种，皆源于何种原因？为什么数亿人偏爱食用且依赖于糖呢？如果“糖对身体有害”确有其事，那么，为什么单单糖这种普通的商品可以令全世界的人如此沉湎其中呢？

第 1 章　传统的偏好

几千年以来，带甜味的食品和饮料一直是人类饮食文化的一部分。无论是用于满足人们的口腹之欲，还是用于去除其他食物的苦味、用作处方药甚至宗教誓言，等等，糖在许多人类活动中的用途数不胜数。英语中有关甜味的意象表达俯拾皆是。多个世纪以来，“糖”“甜”“蜂蜜”这些词语代表着人生中最开心的时刻和最美味的感知。“糖”或“蜂蜜”成了“心肝”“宝贝”，常用于称呼我们的所爱之人。大部分人都能回忆起自己第一次称别人“宝贝”的时刻。为什么夫妻要在婚礼之后和婚姻生活正式开始之前，首先开启一场“蜜月”之旅呢？英语中充斥着大量关于甜味的方言和文化，传递着我们对嗜好甜味的这一本能，以及对所爱之人的最细腻的感情。

多个世纪以来，英语中有关甜味的语言表述不胜枚举。中世纪的英语，正如它们所描绘的世界那样，提及甜味的用例比比皆是，可以指代我们爱的人、一个漂亮的人，或者一位秉性或性情善良的人。乔叟多次用“甜”来表达爱恋，3 个世纪后的莎士比亚也是如此，即使他们生活的那个年代受糖的影响甚微。创作本书时，我使用的那台电脑上的同义词词典给出了如下“甜味”的替代词：“可爱的”“机灵的”“迷人的”“吸引人的”“令人心动的”“引人注目的”“愉悦的”“讨人喜欢的”。

现如今，甜味及其引申含义代表着人生中巨大的愉悦和甜蜜。但令人匪夷所思的是：在当今世界，糖对个人乃至全人类造成了严重危害。对甜味的渴望已然威胁到全球数千万人的健康和幸福。

现在，一想到甜，我们就会想到糖。不过，在蔗糖对人类产生深远影响之前，蜂蜜一直是古代社会很多甜味的主要来源。多个世纪以来，阿拉伯和波斯的文献（如地理学、旅游和烹饪书籍）曾多次提及当时厨艺及宗教中使用的甜品。甜味能够带来世俗快乐的体验——一种愉悦、开心甚至有些奢侈的生理感知——与之相符的是来生甜蜜的许诺。把来生描绘成“甜美的”存在体验，并不仅仅是现代西方基督教所特有的现象。在许多宗教信仰中，天堂般的快乐都表现为各种形式的甜蜜。在世俗社会里，这种快乐的形式就是蜂蜜。

从 2.6 万年前的岩画和古埃及、古印度的绘画中可见，蜂蜜是当地甜味剂的重要来源。古典时期也有很多证据表明蜂蜜的普遍用途，如甜味剂、药材乃至成为一种宗教象征。在众多的古典文献中，点缀着各种有关于蜂蜜的意象。荷马在《奥德赛》一书中写道：“谁也不曾驾着乌黑的海船，穿过这片海域，不想听听蜜一样甜美的歌声，飞出我们的唇沿。”（《奥德赛》第 12 卷第 184 行）罗马文献中同样多次提及蜂蜜。早在公元前 1 世纪，提图斯·卢克莱修·卡鲁斯就提及罗马医生用蜂蜜引诱孩子吞下难以入口的苦药：“医生试图把令人厌恶的苦艾拿给小孩子去吃时，先在杯口涂上甜甜的黄色蜂蜜。”（《物性论》第一卷第 936 行）也许更为人熟知的是《圣经》中大量的有关蜂蜜的意象。耶和华带领古代以色列人离开埃及时，他带着他们来到“流奶与蜜之地”。（《出埃及记》第 3 章第 8 行）《旧约》一书中也多次提到蜂蜜，譬如那应许之地，就是“神赐的流奶与蜜之地”。

在古埃及和古希腊，蜂蜜是祭神的贡品。在印度教中，蜂蜜也有着崇高的地位。在古代许多不同社会里，古老的宗教仪式中都会用到蜂蜜：在新生儿的唇上滴上一滴蜂蜜；在犹太儿童上学的第一天，家长会给孩子一片蘸上蜂蜜的苹果；在犹太人的新年，蜂蜜蛋糕则预示着好运。自有文字记载以来，蜂蜜、酿蜜和蜜蜂，一直是文学中亘古不变的话题：“钟已过午，尚有佳蜜伴茶馨？（《格兰切斯特的老神舍》，鲁珀特·布鲁克，1916）一直以来，蜂蜜既是一种甜味剂，又是一种宗教象征。数个世纪以来，蜂蜜是医学和药物学中的一个重要角色。无论是在古代中国、印度、希腊还是伊斯兰国家，蜂蜜都是治疗多种疾病的药方。伊斯兰医生和中世纪的医生，用蜂蜜和其他成分混在一起就可以入药，就如同后来的蔗糖一样。时至今日，在世界许多未受现代医学影响的地区，蜂蜜仍然被用作药物。

它还被用于多种“替代”疗法之中，这些疗法最近在世界范围内受到广泛青睐。[1]

在各式菜肴中，蜂蜜也是重要的甜味剂。伊斯兰国家特别重视甜食，部分原因是先知喜欢蜂蜜并推荐其作为一种药物。即使在蔗糖出现之后，甜食特别是用蜂蜜制成的甜点，依然在伊斯兰国家中占据着特殊地位，并且是很多宗教仪式及活动的重要组成部分。

蜂蜜一直在穆斯林的生活中扮演着重要的角色。《古兰经》中经常提及甜品："享用蜂蜜是一种信仰。"[2] 蜂蜜是真主的药方，以蜜之河允诺人们永恒的未来。14 世纪的《先知传统医学》提到，先知钟爱蜂蜜，并用蜂蜜治疗各种疾病。不管伊斯兰教在何处落地生根，我们都能发现，信徒们无论是在餐后，还是在伊斯兰节假日期间，都普遍食用甜食，这已成为一种仪式。蜂蜜既是药材又是食材。在当今伊斯兰宗教节假日（如先知的生日）和婚礼、生日、葬礼、圣日、割礼、家庭庆祝活动等的食谱中，甜食的品种多样、丰富多彩，其重要性于此可见一斑。尽管人们对这些节假日重视程度各不相同，但其共同特点是有着浸在蜂蜜和糖中的、丰盛的甜味菜肴。当然，这些甜品的成分必须符合伊斯兰律法的规定。[3] 据我们所知，在伊斯兰教兴起之前，蜂蜜就被用于烹饪和宗教活动：营养品、药物以及一份对未来幸福的承诺。

蜂蜜在许多古代文明中都扮演着重要的角色，蜂蜜本身就是一种食物，同时也是食谱和菜单中一种惯用的原料。蜂蜜代表着纯洁和高尚的品德，《圣经》和《古兰经》中都描述过一种富裕的来生生活，有着牛奶、蜂蜜等珍贵的佳肴。居家过日子也与蜂蜜有关。例如，在刊载最高级的波斯 - 伊斯兰菜肴的《巴格达食谱》中，记载了 8 至 9 世纪的 300 多种食谱，虽然其中很多是从早期社会传承下来的。在这些食谱中，约有三分之一的菜肴和饮料是加糖的，如甜甜圈、油炸饼、薄煎饼、米饭类菜品、果子露和其他饮料。

随着伊斯兰教的传播，这些口味连同伊斯兰饮食文化也传播至现在的中东和海湾国家、北非、撒哈拉以南的非洲和南欧地区。当然，包括烹饪、食材等在内的伊斯兰文化和生活习惯，也随之而来。他们最初带来的是对蜂蜜的喜爱，后来还有对蔗糖的偏好。

我们知道，甘蔗是从印度传入伊斯兰世界的。早至公元前 260 年，印度佛教文化就将糖视为其饮食的基本原料。自此，糖开始对东南亚各国的菜肴产生了深远的影响，甚至逐渐从印度向西传播至中东和地中海地区。随着伊斯兰教的传播，甘蔗的种植方法和蔗糖的食用习惯也随之流传出去。到 15 世纪，埃及、叙利亚、约旦、北非和西班牙也开始种植甘蔗，埃塞俄比亚、桑给巴尔岛等地区可能也出现种植甘蔗的现象。[4]

糖逐渐向世界各地蔓延。1258 年，蒙古军推翻巴格达王朝后，当地的饮食习惯开始向东传播至中国和邻近亚洲的俄国部分地区。事实上，糖的一大特点就是全球性的传播，它是帝国扩张的一部分。

史上的几大帝国——希腊、罗马、拜占庭、奥斯曼等——都吸收了它们之前的帝国、城邦及被征服的民族流传下来的食物与菜肴。所有帝国都非常珍视蜂蜜，后来他们则越来越重视蔗糖。糖成为帝国殖民扩张不成文的奖赏。他们夺取并吸收了糖之后，再将其带到地球上遥远的角落，给那里的人们带来了全新的口感，让他们产生对此种快乐的追求。由此，糖为欧洲带来了巨额的利润。

可以毫不夸张地说，糖带来了社会的变革。学者们普遍认为，甘蔗起源于南亚，但制糖的证据——从甘蔗中提炼糖——则是出现在多年以后。[5] 多个世纪以来，甘蔗种植从其发源地不断向全球扩张。不过，由于 17 世纪以后甘蔗在美洲地区种植的激增，很多学者于是将注意力集中到甘蔗的西进运动上。事实上，甘蔗种植的东进过程也同样如火如荼。譬如，中国学者对中国糖的起源进行考察，以阐释中国糖料种植的增长，特别是中国糖生产和加工技术的发展历程。在明朝（14 世纪中期到 17 世纪中期）和清朝的很长一段时期里，糖不仅传播至日本，而且还成为中国对亚洲贸易的主要商品，一如它从前在大西洋贸易体系中所起的作用那样。

糖的向西传播路径更为世人熟知。它穿过伊朗和伊拉克，到达约旦河谷、地中海沿岸的叙利亚和埃及，然后再到地中海地区的其他地方。早在 8 世纪中期，埃及已在种植甘蔗。[6] 到了 11 世纪，北非沿海各地、地中海岛屿和西班牙都能发现了甘蔗的影子。在这个世纪，十字军最终开辟了蔗糖通往北欧的道路。当然，糖仅仅是这些年移植到西方国家的许多食物中的一种，如同人类和宗教迁徙或逃难过程中携带的可有可无的植物，被一路带着前行却也散落在沿途，生根发芽。水稻、棉花、茄子、西瓜、香蕉、橘子、柠檬等食物也沿着相似的路线传到了西方世界。[7]

因此，毫无疑问，早期的阿拉伯文学对糖有大量的记载，详细叙述了糖及其带来的乐趣和益处。各类文学作品中都有关于糖的描述。在《一千零一夜》（该书部分内容可追溯到 9 世纪）中，一位诗人和一位奴隶的对话是这样描述甘蔗的："甘蔗就好似无头之矛，人人喜爱。斋月期间，我们在日落之后就开始咀嚼甘蔗。"[8] 诸如此类的文献，揭示了糖史的一个显著特征，即一直以来，糖都吸引众人注意。伊斯兰教的传播，不仅是征服土地、教化信徒的过程，也是传播文化习俗的过程，如印刷术、现代科学、医学和烹饪。在此期间，可见许多学者描述过关于糖的生产和食用习惯的传播。例如，一位阿拉伯地理学家曾记录过 10 世纪的糖。1154 年，一位商人在游记中描述了糖的种植和生产过程。中世纪后期，埃及对糖的加工和融资情况也有记载。[9]

糖在地中海地区的传播，不仅与种植有关，而且还涉及新的农业生产制度、灌溉方法、加工技术，以及生产糖和最终成品——蔗糖——流通所需的融资能力。到 1492 年时，制糖业的模式也已成熟，且广为人知。当欧洲人远赴大西洋群岛及后来的美洲热带地区殖民和定居时，这一模式仍在使用，尽管其表现形式已经发生了翻天覆地的变化。

1095 年至 1099 年第一次十字军东征期间，英国人首次在巴勒斯坦“遇上”了糖。糖拯救十字军于饥荒之中，幸存者将糖及其他外国物品带回到欧洲，并培养了欧洲人对此类食物的喜爱。但在当时，糖是稀罕珍贵之物，自然只供社会精英们享用。在中世纪家庭的记账本上，我们可以看见糖这个字眼，上面记载了人们购买食材，并将其储存在宫殿、城堡宗教场所的储藏室和厨房。达勒姆将糖称为 Marrokes（摩洛哥）和 Babilon（巴比伦）。德比伯爵将糖称为 Candy（克里特岛在当时的岛名），而其他食谱则把糖称为 Cypre（塞浦路斯）和 Alysaunder（亚历山大）。据 1287 年爱德华一世的皇室账目记载，他们共购买了 667 磅（303 千克）糖、300 磅（136 千克）“紫罗兰糖”和 1 900 磅（862 千克）“玫瑰糖”，其中后两者混合了粉末状花瓣，用作药材。[10] 很显然，所有这些糖都来自于地中海地区，由威尼斯和热那亚的商人从分散在地中海附近的生产者那里购买后带到英国。

在当时，糖的产量很小。但随着糖在欧洲精英中越来越受欢迎，糖的产量也在增加。到 13 世纪，糖已成为英国精英家庭的日常用品。[11] 1319 年，意大利商人尼古莱托（Nicoletto Basadona）将 10 万磅（45 吨）糖和 1 000 磅（454 千克）糖果运往英国。[12] 14 世纪，糖在法国菜中也很常见。同一时期，经肯特郡的桑威治港口进入英国的糖越来越多。糖从南部港口登陆英国的这一事实，也许可以解释为什么糖最早在英国南部立足，而后渐渐向北部蔓延。糖还经由阿姆斯特丹、加莱、鹿特丹甚至更远的德文港运输至美国的波士顿和林肯郡。到 16 世纪末，糖果专卖店开始在英国主要城镇崭露头角。[13]

16 世纪，糖已风靡整个英格兰。诺森伯兰伯爵的管家给厨房订购了 2 000 多磅（900 千克）糖。[14] 果脯、甜饼、蜜饯等甜食已成为皇室重要的特色，以至于君主们任命官员，专门负责糖果部门。这位官员还需要熟练地为皇室餐桌准备各式各样的糖和甜食。随着时间的推移，在较大的皇室（尤其是汉普顿皇宫）设有专门的甜食烘焙房，为皇室和贵族家庭准备的正式菜谱和菜单里也已经加上了甜品。[15] 在用餐过程中，仆人要学会何时以及如何使用糖。例如，将糖用作山鹑和野鸡的调味汁，或撒在烤鲱鱼上。人们设计了新的餐具，以便享用甜食，这着实令人着迷。人们为甜食专门配备了精致且昂贵的盘子，并提供特殊的叉子，以便将带有黏性的糖送到嘴边。从 16 世纪 80 年代起，早期的英国食谱就描述了糖的最佳使用方式，如用来腌制兔子和保存水果。[16]

对于同一时期的欧洲精英们——皇室成员、贵族和神职人员——来说，糖不仅是他们精致菜肴中的一大特色，他们甚至还用糖制作华丽的模型和小型雕像，以彰显其身份和地位。在这一点上，他们效仿了更加古老的伊斯兰传统，用糖塑雕像展示权力和财富。有关古代统治者和苏丹（某些伊斯兰国家统治者的称号）用精心制作的糖塑雕像来庆祝宗教节日的故事，多不胜数，并流传至今。1040 年，一位到访埃及的游客记载了埃及苏丹曾用 7.3 万千克糖制成展示品，其中包括一棵用糖做的树。1412 年的文献描述了一座清真寺糖塑雕像——庆祝活动一结束，糖塑雕塑就被乞丐一抢而空。[17] 1582 年，在伊斯坦布尔的一个传统节日上，人们制作了几百个糖塑雕像，以庆祝苏丹儿子的割礼。人们还制作动物和城堡糖塑雕像，它们重到需要 4 个成年男子才能搬动。[18] 这些精致的展示品体现了糖的贵重，因为只有权贵之士才能负担得起如此华丽的糖塑雕像展示。在加冕仪式、军事胜利、宗教节日等特殊的日子里，人们都用糖塑雕像来庆祝。

糖从地中海地区（主要通过威尼斯）传播到欧洲大陆时，制作精致糖塑雕像的时尚也逐渐在欧洲大陆蔚然成风。欧洲的大小厨师和面包师接受了阿拉伯社会的食材和饮食习惯，不过，他们通过使用模具或加糖的面团对之加以改善，以适应本地人的需求和口味。厨师及其助手们很快就掌握了这些必备技能，为 13 世纪至 17 世纪欧洲上层阶级的节日和庆典活动制作出奢侈华丽的糖塑雕像。

在皇室的带领下，法国人成为欧洲这种新式烹饪艺术的先驱者和精致主义追求者。1326 年至 1395 年，纪尧姆·蒂雷尔（Guillaume Tirel，绰号 Taillevent）为法国皇室掌勺。在他留下的一份食谱手稿中，多次提到用糖制作各式各样的宫廷菜肴。[19] 虽然人们仍在继续享用蜂蜜，但是从 13 世纪伊始，昂贵的进口糖锥在富裕阶层中变得越来越普遍。不过，当时市场上售卖的是原糖，需要在本地的厨房里进一步提炼、净化后才能供人们消费。虽然 1379 年伦敦的一家杂货店出售过糖，但除了最富有、最有特权的阶层外，糖远远超出一般人所能承受的消费水平。[20]

在 16 世纪，糖在制作法国菜中的三大主要用途是：给菜肴增加甜味、保存水果和蔬菜、制作糖塑装饰和模型，或者给食物浇汁。糖与各种干佩斯（gum paste）混合搅拌（特别是与杏仁一起制成杏仁蛋白软糖）而成的面团，时至今日仍然是制作糖果的基本原料。与此同时，法国食谱中也概括描绘了煮糖的方法，以生产各种糖浆和含糖产品（蜜饯、大麦糖和焦糖）。[21]

但最令人印象深刻的还是那些奢华的糖塑雕像。1571 年，巴黎为查尔斯九世和来自奥地利的伊丽莎白王后举办了一场新婚盛宴。所有目睹此次活动的人都认为：这是他们所见到过的最精致的盛事。每吹响一次号角，就上一道菜式；每一道菜式都有一个特殊的主题。晚宴过后便是舞会，舞会结束后的“甜品套餐”——蜜饯、含糖坚果、果泥、杏仁饼、饼干和各式各样的肉和鱼——都是用糖糊制成的。主桌上摆放着 6 个巨大的糖塑雕像，讲述着密涅瓦如何为雅典带来和平的故事。[22]

糖已然成为各种宴会特别是正式宴会的核心食材。在最重要的宴会桌上，糖塑雕像与花卉展示、精致银器的地位大体相当。宴会筹备方甚至模仿当代景观设计师的模板，用糖塑雕像创作出精美的景观。水平高超的糖果师用多种颜色的糖及杏仁糖制作出男女主人们心仪的任何场景和画面。[23]

这些权力、财富及地位的展示至关重要。宫廷及豪华府邸的厨师们对用含糖食材制作可食用的雕像的技艺进行改进，旨在让人叹为观止、铭记于心并大饱口福。厨师们将糖与坚果、黏合剂混合，或将液态糖倒入特制的模具。他们彼此竞争、相互超越，用精心制作的糖塑雕像为正式宴会和国家庆典的餐桌增色，并赢取宾客的赞赏。这些糖混合物在法语中被称为“糖塑雕像”（与英语中“精妙”一词同源），可能被设计成鱼或肉的形状，在上菜间隙时供人们食用。久而久之，糖塑雕像渐渐被赋予了另外一层意义：统治者借此向对手、朋友和敌人传达信息，通过炫耀主人的地位和财富来使其宾客叹为观止。

其他的社会特权阶级也亦步亦趋，很快养成了食糖的习惯。高级神职人员和知名学者们发现，糖塑雕像完美展示了他们的身份和地位。1515 年，当托马斯 · 沃尔西受命为威斯敏斯特大教堂的红衣主教时，他下令制作盛大的糖塑雕像展示，如教堂、城堡、野兽、鸟类，甚至还有一套国际象棋。[24] 在 1503 年的就职典礼上，牛津大学校长展示了用糖塑雕像做成的“牛津八塔”，还有大学的领导与国王的糖塑雕像形象。[25] 1526 年，亨利八世雇用了 7 名厨师，在格林威治精心准备了一场糖宴，呈现了糖塑的城堡和庄园，里面点缀着大大小小的天鹅；另外还有 1 名主厨，他设计了塔和棋盘，全部东西“用纯金加以点缀”。[26] 更为大胆的是，有些晚宴会展示用糖制作的生殖器模型，以便哗众取宠。但是，较为正式的宗教或外交晚宴上的糖塑雕像则更加文雅，如把糖塑雕像做成有关宗教或皇家的意象，以契合此种场合。[27] 法英两国的皇室都有极为严重的牙科问题——牙齿糜烂、缺牙、牙龈疾病、口腔塌陷甚至毁容。但这不足为奇，一切都是过度吃糖的后果。

随着财富扩散至新的商业与贸易阶层（很多人由于海外贸易及英国的扩张而大发不义之财），他们也沾染了上层社会的奢侈习惯。自然而然，他们同样开始使用糖来彰显财富、取悦宾客。不过，糖与其他奢侈品一样，在底层人群中越普及，就越无法代表权势。16 世纪末，当糖更加普及、便宜时（这得益于来自非洲劳作在美洲的奴隶），精致的糖塑雕像就失去了展示权势的作用。英国的精英阶层和上层阶级通常都能在伦敦买到糖。到 17 世纪中期，在偏远的小城镇，英国人也可以买到糖。譬如，在 1635 年的曼斯菲尔德和 1649 年的罗奇代尔，人们都可以买到糖。1683 年，在柴郡的塔博雷，人们可以从当地的五金商拉尔夫·埃奇的店里买到糖。[28] 当糖进入下层阶级的家庭时，就失去了其在上层阶级的社会声誉。

从早期的食谱中，我们可以发现，糖在许多普通家庭里已经比较普遍。具有英国特色的食谱最早出现于 16 世纪 80 年代。在食谱中，糖被用作保存和烹饪食物的重要原料。杰维斯·马卡姆所著的《英国家庭主妇》首次出版于 1616 年。该书借鉴了前人的建议和食谱，多次建议在烹饪和准备食物的过程中添加糖。人们认为，糖是制作沙拉、薄煎饼、烤牛肉和油炸馅饼的理想配料，或用于去除动物内脏的异味，或用于酱汁、牡蛎派、布丁、馅饼、果冻及香料蛋糕之中；当然，也可以做“糖盘”。[29] 这本书还指出，一个理想的家庭主妇不应仅仅局限于烹饪，她还得负责照看好全家人的健康和幸福。该书介绍了当时新潮的护理和保健知识，以及应对所有潜在疾病和事故的方法。在此方面，糖是无价之宝。“它可用于治疗心脏病、咳嗽和久咳不治。糖还能用于眼病、肺痨、止血、腹痛，甚至老疮等疾病。”[30] 此刻，糖既美味可口，又可入药去苦；既有象征意义，又有实用价值。糖可用于制成雕像，蔚为大观；若使用得当，糖也可以用于治病救人。

在厨房里，糖不仅是一种食材，而且也是一味药物。这在伊斯兰教的传播过程中可见一斑。伴随着一种新的伊斯兰正统教义的发展，一种新的伊斯兰医学也开始崭露头角。这在很大程度上要归功于先知及其信众的传播、新兴学派在以巴格达为中心的地区兴起，以及古典文献（如盖伦的希腊医学著作）阿拉伯语译著的出现。因此，盖伦的医学思想渗透于伊斯兰世界乃至更广阔的领域。这一时期涌现出了丰富的医学文献，尤其是占统治地位的药典，以供学医者细细研读，也可为任何对医学感兴趣的人士答疑解惑。

伊斯兰教还催生了一群新式医生，其工作和研究成果现已印刷成册，推动了人们对人体、疾病及其疗法的认识和理解。[31] 其中，最著名、最具影响力的是阿尔-拉兹（Al-Razi，865-925）。他认为："苦口良药也应让人津津有味。"[32] 与此前的希腊和罗马医生一样，伊斯兰医生以及之后的（尤其是西班牙和犹太医学界的权威人士）也发现，糖和蜂蜜是某些苦味药物理想的"解苦剂"。于是，糖逐渐成为伊斯兰医药学和欧洲药理学的重要药材。

伊斯兰医学的发展还得益于其幅员辽阔、物产丰富——各种各样的动植物和矿产资源均可入药。到 13 世纪，药剂师的清单上有超过 3 000 种常用药材，其中许多是从遥远的热带地区搜集而来的外来品。糖虽只是这些众多商品当中的一种，但它却迅速找到了自己独特的定位。这既缘于它本身可以发挥的功用，也因为它能使苦口良药变得可口。

这些伊斯兰的医药传统传入西欧。药剂师（该名称源自"藏酒窑"一词，意为"储存酒、香料和草药的地方"）将糖配成药物，或与其他药材混拌在一起。1245 年，英国国王亨利三世的私人香料药剂师罗伯特·蒙彼利埃在伦敦开设了首家药房。他将香料和草药混合物用糖黏合在一起，制成药膏后出售。在亨利七世在世的最后几年里，医生将糖加入玫瑰水、紫罗兰和肉桂作为治疗亨利国王的药方。[33]

法国国王路易十四雇用庞贝（Monsieur Pomet）先生为其首席药剂师。1748 年，庞贝的著作《药物全史》经翻译、编辑和加工后在伦敦出版。该书用 5 页的篇幅介绍了糖的特点、种植、烹饪和医学用途。庞贝认为，糖除了制作美味的糖果、甜品和饮料之外，还有利于乳房、肺部、肾脏和膀胱的健康，甚至可用于治疗哮喘和咳嗽。然而，当庞贝先生仔细检查路易十四的身体时发现，糖腐蚀了他的牙齿。这本书列出了所有种植糖料的地方，并认为："现在，牙买加和巴巴多斯产的糖最为优质……其次是里斯本产的糖……"[34]

大约在17世纪，糖发生了翻天覆地的变化。此时，糖这一曾经仅有权贵之士才能享用的奢侈品，已经走入偏僻村庄的小商店。英国塔博雷与法国皇室相距甚远，在时空上与伊斯兰医学中心更是相距遥远。但两地之间有着某种联系，这代表着糖的发展进程。糖这一曾经仅为国王才能享用的奢侈品，到17世纪中期甚至可以在英格兰北部一个简陋的五金商店里买到。糖开始从奢侈品演变为人们日常生活的必需品。它创造了巨大的社会财富，但更令人惊奇的是，这都是通过对大量非洲奴隶的残酷剥削而实现的。数万吨糖被运往欧洲的码头，并在当地精炼厂进一步加工，最终通过市场、集市、商店和流动商贩，销往整个西欧乃至全世界。糖终于成为商店里的常见商品，飞入了寻常百姓家。

第 2 章　牙病肆虐

伊丽莎白一世统治期间，糖在英国上层阶级中盛极一时。他们大量吃甜食、喝甜饮（莎士比亚笔下的福斯塔夫甚至喜欢在甜酒里加糖），并沉迷于用奢华的糖塑雕像卖弄权势。1591 年，当伊丽莎白一世巡视汉普郡时，赫特福德伯爵为她举行了一场盛大的烟火表演，然后又举办了以“女王的武器”为主题的糖塑雕像宴会，有城堡、要塞、大炮、鼓手、号手、士兵等。为取悦女王，用糖制作的珍禽异兽、蛇、鲸、海豚、鱼等雕像也依次亮相。女王钟爱甜食。1597 年，法国驻英国大使这样形容 64 岁的女王：“她牙齿枯黄、参差不齐……由于缺牙严重，当她说话很快时，人们根本不知所云。”一年后，据另一位拜访者说，她的牙齿已成黑色。16 世纪末，人们已经普遍意识到糖对牙齿造成的巨大损害。[1] 如今，当我们快速且无痛地解决牙齿问题时，我们会想到先辈们因龋齿承受的痛苦，并忍不住龇牙咧嘴。事实上，龋齿和牙齿治疗带来的痛苦都是近代的事情——当然，这一切都离不开糖的发展。我们之所以认识到这一点，部分是因为现代科学的进步。如今我们意识到，当糖与细菌发生作用时，会产生一种破坏牙釉质的酸，从而对牙齿造成极大的破坏性，这是非常令人痛苦的。近年来，考古学家的相关研究表明，直到精制糖的出现，我们的祖先才普遍开始遭遇牙齿问题。维苏威火山毁灭性的大爆发为我们提供了一些有用的线索。

公元 79 年 8 月 24 日，维苏威火山大爆发可能是人类历史上最著名的火山喷发之一，其破坏力可与 1883 年喀拉喀托火山喷发相提并论。这次火山喷发摧毁了庞贝和赫库兰尼姆古城，以及附近的许多城镇。成千上万未获得险讯的人死于随着火山喷发咆哮而来的滚滚热浪，以及随后而来的吞噬一切的火山灰和熔岩。这些包围着城镇和居民的火山灰，最终硬化成为浮石。随着时间的推移，被困在浮石壳体中的尸体腐烂了，只留下一具具骨骼。现代考古学家使用新技术和新材料，将石膏填入空壳的内部，再现了遇难者的容貌。科学家、考古学家、放射科医生、牙医等人最近对这些遗骸进行了分析和实验，这在从前是绝无可能的。这些被火山灰和熔岩掩埋了多个世纪的遗骸，开始向世人揭示他们生前时的生活环境和健康状况。通过现代 CT 扫描，研究者发现 30 具遗骸牙齿状况良好。扫描、X 光和牙齿分析都显示，遇难者（不管是男人、女人，还是儿童）几乎无须牙齿治疗，有蛀牙的人少之又少。他们遇难的时候，牙齿状况很好。[2]

我们从许多历史文献中了解到他们的饮食习惯。那是一种富含膳食纤维的地中海式饮食，有很多的水果和蔬菜。更重要的是，据我们所知，他们喜欢无糖或低糖的食物。他们的饮食均衡，与现代医学营养师所提倡的寻找代替现代高糖、高脂肪的食物的替代饮食疗法极其相似。最重要的是，维苏威火山喷发的遇难者不吃精制糖，他们的牙齿就是鲜活的例子，告诉世人不吃糖的牙是什么样子的。

维苏威火山的例子的确引人注目，但并非绝无仅有。许多考古学家和医学家对古代墓葬遗址中的牙齿进行检查，也发现了相似的现象。从英国铁器时代到中世纪晚期的遗址中（时间跨度大约为 2 000 年），考古学家共找到 1 000 具英国人的遗骸，他们的牙齿健康完整。具体的案例调查也证实了这一情况。人们通过对 504 具盎格鲁 - 撒克逊人的遗骸进行检查发现，他们没有由糖导致的蛀牙。

然而，到了 17 世纪，情况开始发生变化。在 19 世纪英国向城市化和工业化转型时期，墓葬场的遗骸讲述了一个大相径庭的故事。维多利亚女王时代（1837—1901 年）的遗骸证明，这一时期的英国人普遍存在牙齿问题——坏牙、大量的蛀洞和整体牙齿健康糟糕。这一重要转变背后的“罪魁祸首”就是糖。[3] 我们不仅收集了英国人 2 000 余年的牙齿数据，还对全球牙齿和考古数据进行了更加广泛的研究，其结果证实了上述情况。通常，造成龋齿的主要或唯一原因是自然老化。在南太平洋、古埃及和北美洲的原住民中，牙齿腐烂主要的原因是年龄的增长，而不是饮食习惯。一位著名的牙科教授总结道：“在 17 世纪之前（农村地区则更晚一些），人们牙齿疼痛的问题可能没有想象的那么严重。”那是因为，他们既不吃甜食，也不喝甜饮。[4]

我们对比一下当今英国人普遍存在的牙齿问题，即大规模的牙齿腐烂——这在年轻人中最普遍且最令人担忧——已成为医学专家和媒体经常讨论的一个普遍性问题。当然，在英国及其他地方，造成牙齿疾病确切的饮食因素是复杂的。但如今，只有糖业和食品行业，以及被他们收买的游说者才会对糖在此类问题中所起到的作用提出怀疑。当大众媒体报道古代罗马人良好的牙齿健康状况这类故事时，他们不出意外地使用一些引人注目的标题，如《庞贝的古罗马人拥有“完美的牙齿”》。[5]近代牙齿问题最早出现在上层阶级中，这也毫不奇怪，因为他们能够买得起大量的糖。尽管伊丽莎白一世及英国富裕的子民们的牙齿问题很严重，但与法国皇室和其贵族相比，却有点“小巫见大巫”。如今，我们甚至可以在当时的法国画像中看到他们的牙齿问题。

1701 年，亚森特 · 里格为 63 岁的“太阳王”路易十四绘制了一幅奢华的正式画像。亚森特 · 里格用最能展示财富和王权的物品来包装路易十四，效果令人炫目。路易十四个头矮小、头发稀少，戴着一个巨大的卷发，使其看起来高大威武。然而，纵使亚森特 · 里格的画技巧夺天工，却对国王的嘴巴和脸颊无能为力。路易十四是“一个没有牙齿的统治者”。尽管路易十四的私人随从、医护人员利用了当时最先进的医疗和牙齿保健技术，他仍然在 40 岁时就掉光了牙齿。他们密切关注路易十四的整体健康状况，但却没有人注意到他的嗜糖问题。路易十四不是唯一的“无齿之徒”。在法国奢华的宫廷里，蛀牙和缺牙的问题随处可见，而在下层阶级此类问题十分罕见。敏锐的观察者发现，与上层阶级相比，那些最贫穷的街头流浪汉——他们没有昂贵的含糖食物和奢侈品——反而拥有更好的牙齿。用科林·琼斯的话来说：“在法国大革命以前，没有牙齿是欧洲成人中的普遍现象。”[6] 当糖向中下阶层传播时，龋齿问题也随之蔓延。

法国人喜欢在巧克力、咖啡、茶和柠檬水中加糖，法国厨师们烹饪美食时也喜欢加入大量的糖。在法国上层社会和宫廷之中，吃甜食、喝甜饮成了时髦、优雅的活动中的惯例。社会时尚加重了个人口味，使人们对糖的迷恋日益加剧。法国人对糖和香烟的迷恋导致了普遍的龋齿问题。不只是权贵人士们的画像，我们还有其他铁证。考古学家在法国墓地找到的证据与在庞贝古城获得的证据截然不同。他们发现，在 17 世纪和 18 世纪，法国人的牙齿已经腐烂。[7] 这一时期的画像生动地展现了法国的精英统治者们的牙齿问题。与里格为路易十四作的画像一样，许多后期的名流画像鲜有露出牙齿，这主要是因为画中人存在缺牙或牙齿腐烂现象，虽然当时艺术创作惯例对人像的面部表情和仪态有严格的规定：微笑是下层阶级的低俗表现，大笑更是如此，因此要尽量避免在公共场合展示这些情绪。

然而，18 世纪出现了一种新的感性认识，从而导致人们审美风格发生显著的变化。在公共场合或画像时微笑——甚至露出牙齿——

日益为人们所接受，并成为受欢迎的社会特征。当然，这需要牙医提供新一代技术，保护牙齿并增加其白皙的程度，使得病人可以在公共场合笑逐颜开。这种技术——即便其在18世纪刚具雏形——只有最富裕的阶层才能负担得起，普通人根本无法企及。但是，人们当时所能达到的效果有限，他们需要与日益增加的糖摄入量做斗争。

糖从其兴旺的加勒比海地区殖民地，如瓜德罗普、马提尼克，特别是圣多明各（今天的海地）涌入法国。与欧洲其他海上和殖民强国一样，法国也在美洲建立了重要的军事基地。虽然是后起之秀，但法国很快在美洲就赶上了葡萄牙、西班牙、荷兰和英国。人们有一个共识：法国殖民地的财富积累主要来源于印度和美洲，因而法英之间关于全球统治权的争夺也将在这两个地区展开。在美洲，尤其是加勒比海地区，殖民帝国成功的关键在于非洲奴隶及横跨大西洋复杂的奴隶贩卖网络。在这些岛屿上，奴隶们辛勤劳作，生产出各种热带商品，尤其是糖。

18世纪初，牙买加是加勒比海地区的主要产糖国，但到了1770年，法国在加勒比海的主要殖民地已成为全球最大的糖出口地。此时，法属圣多明各每年生产6万吨糖（而牙买加只有3.6万吨），而这一切都是依靠大量被贩运至此的非洲奴隶才实现的。1791年，圣多明各奴隶大起义，摧毁了当地的奴隶制以及在此基础上建立的经济，此前被贩卖至圣多明各的奴隶不少于79万人。非洲奴隶生产的糖和在更高海拔地区种植的咖啡，为法国带来了巨额财富，但同时也导致了严重的牙科疾病——凹陷空洞的脸颊、松弛的下巴、无牙和牙齿腐烂，这一切好似非洲奴隶对他们在加勒比海地区受到的暴行最有力的报复。[8] 正是由于这些数千英里之外的种植业，甜咖啡才得以成为法国，特别是其城市地区的大众饮品。随着奴隶种植的商品产量增加，甜咖啡的价格开始回落。在巴黎，咖啡馆遍地开花，喝咖啡成为公共和个人社交生活的一部分。“咖啡馆”这个法语单词本身就是整个故事的写照。然而，咖啡和茶一样天然味苦，欧美人喜欢在咖啡里加入糖以消弭苦味，他们喜欢甜味的咖啡。一位英国游客发现，法国人在咖啡里加的糖太多，以至于勺子都可以竖起来。甜咖啡无处不在。上至法国皇宫，下至巴黎街头的摊贩，都在提供或售卖甜咖啡。到了 18 世纪晚期，巴黎涌现出各式各样的咖啡馆，以满足社会的各种需求。这里既有昂贵且时尚的咖啡厅，也有为穷人们提供一杯热乎乎的甜咖啡和庇护所的简陋酒吧。清晨，街头女贩向上班的法国人兜售由咖啡渣和热牛奶混合而成的廉价饮料。[9] 无论是在皇宫，还是在街头，咖啡中的糖导致人们的牙齿和牙龈形成蛀洞，并逐渐腐烂。

法国画像中的模特们不显露牙齿，这也就不那么令人惊讶了。无论当时有着什么约定俗成的表情——他们（尤其是男人）担心被认为举止不得体——笑容会将他们没有一口好牙的状况暴露无遗。现代人（尤其是美国人）喜欢慷慨地展示一排排闪亮的钢琴键般的牙齿。这种理想需要等到现代昂贵的牙科手术和矫正技术的出现后才成为可能。只要负担得起费用，20 世纪末的牙科和医学能够修复任何毁灭性饮食给我们祖辈的牙齿带来的伤害。

2015 年，一项关于现代英国儿童的牙齿健康状况调查显示，他们的牙齿与 3 个世纪之前的法国贵族的牙齿一样惨不忍睹。这是一个巨大的讽刺和丑闻。很多儿童不喜欢笑是因为他们的牙齿情况糟糕。据称,超过三分之一的英国 12 岁儿童和四分之一的 15 岁青少年，因为牙齿问题在笑起来时感到尴尬。这个简单的事实隐藏了其背后问题的复杂性，但却没有逃过英国媒体的眼睛。他们用耸人听闻的标题传达了一个简单的讯息。《泰晤士报》愤怒地谴责道："龋齿是青少年不愿一笑的秘密。"[10] 若是在今日，路易十四完全可以谈笑自如。

然而，当今的英国儿童本应拥有一口好牙。他们出生在富裕的社会，享受终身医疗保健服务。自出生起，他们的健康和幸福就受到密切的关注。虽常常遇到困难，但英国国民医疗服务制度为他们提供了终身免费的医疗服务。尽管如此，许多英国儿童的牙齿健康状况不佳，这一点是不容置疑的。因此不难理解的是，与富裕家庭的孩子相比，贫困家庭的儿童拥有更糟糕的牙齿状况。此外，从长期来看这种态势令人担忧。

自 1973 年起，英格兰、威尔士、北爱尔兰发起了一项 10 年一次的儿童牙齿健康状况调查。结果显示，超过五分之一的儿童因为牙齿而遇到进食困难，大约四分之一的家长不得不请假带孩子去看牙科。七分之一的 5 至 15 岁的青少年牙齿严重或全部腐烂。最极端的情况是，许多人因为牙疼不得不去最近的医院看急诊。2011—2014 年，英国约有 2.6 万名 5 至 9 岁的儿童入院接受大范围的全身麻醉拔牙手术。与 2011 年相比，这增长了 14%。显然，这已不仅仅是牙齿问题。皇家外科医师学会就牙齿问题本身及其给医院带来的压力发出了警报。其中一个重要的原因是，大部分牙齿问题是可以预防的。[11]

尽管英国建立了国民医疗服务制度，而且政府大力投入牙齿卫生的宣传，但是许多儿童仍然出现了令人担忧的牙齿问题。密切监测和应对这一事态的医务工作者们认为对于这一问题的成因已确凿无疑。2016 年，英国公共卫生部牙齿健康主任桑德拉·怀特博士直言不讳地说道："虽然儿童蛀牙的情况有所缓解，我们仍然迫切需要减少儿童饮食中的含糖量。"[12] 现代的英国儿童需要面对几个世纪以前曾困扰着路易十四的相同的问题——吃糖太多，这难道不是一个巨大的讽刺吗？

第 3 章 “生而为奴”：糖与奴隶制

糖从地中海地区的种植园传播到北欧地区，主要是通过加泰罗尼亚、热那亚及威尼斯等各贸易强国来实现的。当时，出口至德国、低地国家及英国的糖，相比于后来的盛况，算是规模较小。不过，糖虽然只是规模较小的一种奢侈品贸易，但其影响力却十分惊人，激发了人们对甜味的需求。而为了满足这种需求，糖一度还推动建立了商业及金融体系。种植甘蔗及采用新的加工体系（用碾轧机从甘蔗中压榨出更多的汁液），才使投资糖业能获得丰厚的利润。这主要得益于金融及商业嗅觉敏锐的意大利商人和金融家做出的努力。这种局面在欧洲人与地中海以外的地区、大西洋岛屿进行贸易和殖民之前就已经成形，更是早于他们向美洲殖民之时。

起初，地中海地区糖类作物种植园的主要劳动力是自由劳工和奴隶。其中，有的奴隶来自欧洲大陆边缘的战争地带，特别是基督教和穆斯林教徒相互征战的区域；有的则源自欧洲对北非的征服。不过，糖类作物种植园要获得发展，还需要大量的投资，而西班牙和意大利的城市商人则成为背后的“金主”。种植园里的原糖需要得到进一步提炼，提炼工厂最初就设在安特卫普，后来才逐步拓展到欧洲的许多大型港口。

因此，远在欧洲人赴美洲殖民之前，现代糖业经济的框架就已经形成。在欧洲商人和银行家投资的种植园里，奴隶和自由劳工都从事着糖类作物种植和加工工作。其最终产品——蔗糖，经在北欧城市里的精炼厂提炼，再销往欧洲富裕阶层的消费者手中。最终，这种简单的糖业经济形成了巨大的市场，而糖自身也发生了转变。

这种转变肇始于 15 世纪——欧洲人进行海洋探险的大时代。在葡萄牙人的带领下，欧洲人开始将探险路线向大西洋深处推进，其后又沿着非洲的海岸线南下。他们的初衷是寻找黄金和香料，终极目的是寻找通往亚洲的海上路线。在探险过程中，西班牙人和葡萄牙人先后在大西洋的岛屿定居下来，先是在马德拉群岛和加那利群岛，后来则是几内亚湾以南的圣多美和普林西比群岛。从此，糖类作物种植逐渐成为商业拓展和土地开发过程中的一大令人瞩目的行业。

1425 年，航海家亨利为马德拉群岛的早期殖民者提供了来自西西里群岛的甘蔗。到 15 世纪末，这个岛屿生产了大量的蔗糖。与此同时，西班牙定居者镇压了加那利群岛原住民的反抗。在那里，他们也种植了甘蔗。在大西洋的各大岛屿——亚速尔、加那利、佛得角、马德拉、圣多美和普里等群岛——只要条件允许，欧洲的殖民者就会将甘蔗种植到任何地方。他们发现，有的岛屿更适合种植甘蔗以外的其他作物，且利润也更为丰厚，如亚速尔群岛产的葡萄酒和小麦。不过，蔗糖很快就在马德拉岛证明了它的独特价值。这个无人岛屿吸引了葡萄牙殖民者前来开垦土地。在热那亚和犹太金融家的帮助下，他们在岛上种植了小麦和甘蔗。从此，蔗糖成为马德拉群岛利润最丰厚的商品。15 世纪末，马德拉群岛成为西方世界最大的产糖地。同样，这里也雇用了来自非洲和加那利群岛的奴隶。其中，绝大多数的甘蔗种植是由小种植园主负责。他们把甘蔗送到就近的工厂进行加工，有些工厂甚至还采用了最新的水力技术。1470 年，马德拉的糖产量只有约 2 万阿罗巴（230 吨）；而在 1500 年至 1510 年，当地的糖产量达到了高峰，增长至 23 万阿罗巴（2 645 吨）。[1]

尽管当时的规模大小不一，但在其后，加那利群岛的甘蔗种植模式在美洲地区普及开来。甘蔗种植由男女奴隶搭配劳作、共同完成——包括非洲的、混血的及加那利群岛的奴隶（虽然该地区在 15 世纪末已废除了奴隶制）——这一切都发生在小型的种植园里，即葡萄牙语中称为“恩热纽”的地方。与后来的美洲甘蔗种植园相比，这里的种植园似乎微不足道。但实际上，它们为后来的美洲种植园主们提供了蓝图。

16 世纪初，糖是特内里费最重要的产业。在这里，当地正常运作的甘蔗种植园每年产糖量约 50 吨。赶上收成好的年份，全岛的产糖量能达到 1 000 吨左右。甘蔗种植园的劳动力绝大多数是男性奴隶。随着时间的推移，越来越多的非洲人加入到奴隶大军，而管理、技术及监督人员则主要是葡萄牙的自由工人。还有一些零星的较贫穷的甘蔗种植者，他们仅种植甘蔗，收割后将其运到就近的工厂进行加工。与从前一样，其背后的资金都来自西班牙和意大利的金融家，成品糖则通过欧洲的各大商行销往欧洲大陆。

整个 16 世纪，加那利群岛产的糖都是欧洲重要的进口商品（与 17 世纪前西属加勒比海殖民地出口的糖一样，占有同等重要的地位）。不过，加那利群岛在与加勒比海地区的糖业竞争中败下阵来，不得不转型发展葡萄酒业。佛得角群岛也被视为一个有潜力的产糖地。但该地距非洲海岸 400 英里（644 千米），气候干燥，因此，殖民者不愿搬到那么偏远的地方。当时，那里的制糖业从未真正繁荣腾飞过。佛得角群岛的新兴制糖业也最终破产，其原因之一是外地的竞争，还有就是该地变成大西洋奴隶贸易的重要中转站，给那些野心勃勃的殖民者和农业生产者带来了除糖以外的其他领域商业的诱惑。

圣多美和普林西比岛是位于非洲海岸附近几内亚湾的两个偏远岛屿，看起来本不适于种植甘蔗。但在欧洲向美洲殖民之前，甘蔗种植及其加工技术在这两个岛屿上得到了极大的改进。1471 年，葡萄牙殖民者沿着非洲海岸向南开拓时，发现并登上了圣多美岛。于是，这个无人岛屿成为理想的栖息地。同样，这里的种植业发展也遵循着马德拉和亚速尔群岛的模式。由于葡萄牙殖民者对甘蔗种植早已驾轻就熟，在意大利人的再一次资助下，圣多美岛的甘蔗种植业迅速发展起来。16 世纪中期，圣多美岛的糖业经济蒸蒸日上，产量高达 15 万阿罗巴（1 725 吨）。在巅峰时期，圣多美群岛有糖厂 200 家，人口增长到 10 万。更令人震惊的是，越来越多的非洲奴隶加入到甘蔗种植大军之中。[2]

起初，葡萄牙的运奴商船穿梭于非洲各大沿海地区，非洲奴隶正是沿着其航线运达上述各岛屿的。早期的欧洲奴隶贸易是将非洲奴隶卖给其他非洲奴隶主。圣多美岛距非洲海岸仅 320 千米，岛上的奴隶主可以很容易用奴隶换取欧洲商人带来的各种商品。自殖民伊始，圣多美岛就是非洲海岸沿线贸易和殖民活动的中转地。非洲奴隶披枷戴锁，被成批地运往圣多美岛的甘蔗田。[3] 这一时期，非洲奴隶的人数相对较少。1519 年有 4 000 余名非洲奴隶被运往圣多美岛，几年后葡萄牙国王不得不管制圣多美岛的奴隶贸易。到 16 世纪中期，在圣多美岛甘蔗田里从事耕作的非洲奴隶约有 2 000 人，但可能还有 3 倍数量的非洲奴隶正关押在围栏中，等待着被贩卖至其他地方。

购买非洲奴隶易如反掌且成本低廉，因此岛上的甘蔗种植园大量使用非洲奴隶。由当地种植园雇用的非洲奴隶组成的社区达到 150 多个。这些奴隶主要来自贝宁、安哥拉、塞内冈比亚等非洲沿海地区，从事着高强度的劳动，几乎没有任何休息时间。其中，一些奴隶被安排去种植粮食，以养活其他奴隶。此时，圣多美岛的糖业发展模式尚处于萌芽阶段。3 个世纪后，该模式被加勒比海地区的糖业经济争相效仿。[4]

16 世纪的圣多美岛糖业经济一片欣欣向荣，当地产的糖被运往安特卫普进行精炼，然后再被卖到欧洲的那些时髦的餐桌上。不过，圣多美岛的糖业经济很快就没落了，就像其崛起时那般迅疾。究其原因，并非是人们对糖的需求在骤减。在其后的几个世纪里，欧洲人对糖的需求增长惊人，但这一次他们并不依赖非洲沿海地区，而是大西洋彼岸数千英里之外的巴西。巴西广袤无垠、土地丰饶，吸引着殖民者带着其非洲奴隶从圣多美岛迁徙至此。18 世纪初，圣多美岛的制糖业几乎已消失殆尽，甚至还需要从巴西进口糖。

在这场漫长的西进运动中，伴随着哥伦布 1493 年开始的第二次大航海，甘蔗首次跨越了大西洋。哥伦布曾住在马德拉岛，就职于一家热那亚糖业公司。他密切关注着糖的商业前景。在这个大航海时代，所有的欧洲冒险家和殖民者们，也同样觊觎着远方的土地带来的任何商业和农业机遇。他们寻找可用于殖民的土地，进行农业试验和开发，热衷于将种子、球茎作物、植物、插枝等移植到世界各地。不过，大概没有任何品种能与种植甘蔗产生的可观收益相媲美。

将甘蔗移植到美洲热带地区是一个明智之举，毕竟它在地中海周边各地乃至大西洋海岸都已证明了自身的价值。它为欧洲投资者带来丰厚的回报，促进农业和原工业化的发展；它同时也已证明，甘蔗种植业要获得蓬勃发展，离不开非洲奴隶。然而，把非洲奴隶贩卖至圣多美岛是一回事，而将他们通过“合法”渠道贩卖至大西洋彼岸则是另一回事。整个事情的关键在于，糖在欧洲找到了一个欣欣向荣的市场。那些先期到达美洲地区的糖料种植园主深谙欧洲人对糖的喜爱之道，他们也知道非洲有甘蔗田所需的劳动力。

在早期，西班牙人在圣多明各、古巴和波多黎各的蔗糖种植中收益甚微，这主要是因为他们对美洲其他利润丰厚的地区更感兴趣。与传说中位于加勒比海对面大陆上的“黄金国”的财富相比，谁还会心系这需要艰苦劳作的蔗糖种植呢？

但巴西的情况却不尽相同。这里最初的商业吸引力来自木材，虽然我们一直很清楚，葡萄牙殖民者及雇主们对糖的种植试验感兴趣。1519 年，巴西产的糖开始在安特卫普小规模出售。16 世纪 30 年代，当经验丰富的种植园主及其背后的金融家们，通过种植甘蔗，在这个新开发的葡萄牙殖民地扎根立足后，情形就开始出现重大变化。葡萄牙帝国颁布特许经营权——“船长权”——给予那些在巴西特定区域定居和开发的人，从而有力推动了蔗糖种植业的发展。甘蔗种植从马德拉和圣多美岛转移到巴西，虽然失败的例子屡见不鲜，但在那些取得成功的城市，特别是巴西东北海岸的佩纳姆布科，证明了巴西种植甘蔗的潜力。就像从前的糖料种植园转移一样，这一次大西洋岛屿甘蔗种植园的人力、技术、资金和作物横跨大西洋，来到巴西。在欧洲国家和大西洋岛屿的人力、经验和资金的支持下，巴西甘蔗种植业生根发芽并繁荣昌盛。当葡萄牙皇室最终控制巴西巴伊亚和萨尔瓦多，且地位日渐巩固时，巴西的制糖业得以在相对安全的环境中蓬勃发展。但与此同时，当地的印第安人却为此付出了巨大的代价。为发展糖业，他们被迫离开其曾经拥有的富饶肥沃的土地，迁入基督教信徒聚集的村庄。

起初，侵占巴西的欧洲殖民者雇用印第安劳工，并试图吸引他们从内陆地区迁徙至沿海的蔗糖产地，但无论殖民者如何绞尽脑汁，都无法吸引足够的劳工。16 世纪 70 年代，巴西的种植园主开始把眼光投向非洲奴隶，正如圣多美岛早年的甘蔗种植园主一样。截至 17 世纪，超过 20 万奴隶被贩卖至巴西。1575 年葡萄牙人殖民安哥拉以后，就立即开始在罗安达发展奴隶贸易。当时，没有人能够预测此事的惊人后果。南大西洋初期的奴隶贸易，最终演变为举世震惊的强制性非洲移民。280 万非洲奴隶背井离乡，从罗安达被贩运至美洲地区，其中绝大多数是抵达巴西。[5]

在对一些大西洋岛屿的早期殖民过程中，殖民者们为了商业和政治利益，强迫原住民迁出，以在这些偏远地区种植甘蔗。而巴西的糖业经济和奴隶贸易则朝着相反的方向行进。16 世纪末，巴西实际上经历了两个社会进程，这在美洲其他地区的殖民时期和建国初期也反复出现过。第一，本土的印第安人被迫迁出，为殖民和耕种腾出土地；第二，外国奴隶被贩卖至此，为土地耕种带来丰厚的利润。印第安人被赶出他们自己的家园，尔后，非洲奴隶取而代之。16 世纪末，在巴西的非洲奴隶人数较少。但这些人实际上只是后续迁徙人口的先头部队，他们改变了美洲的人口结构。这只是美洲大陆各地区人口非洲化进程的开端。这一历史进程的起源和高潮，都与人们种植甘蔗的冲动有关。

尽管巴西有其他的商业机会，但蔗糖很快成为该国主要的出口产品，糖的地位直到 19 世纪才逐渐走下历史的神坛。16 世纪中期，巴西产的糖大量涌入欧洲市场，最初是从葡萄牙里斯本和该国的其他港口进口。到了 16 世纪末，糖则被直接销往北欧地区，其中，安特卫普（后来则是阿姆斯特丹）是重镇。安特卫普和阿姆斯特丹的糖业经济始于从圣多美岛进口蔗糖，而其繁荣则依赖从巴西进口的蔗糖。此外，巴西产的糖还出口到汉堡和伦敦。

产自大西洋岛屿的蔗糖经简单加工后，被运往欧洲的炼糖厂，并在那里进一步提炼成欧洲消费者最青睐的浅色糖。在中世纪，埃及的炼糖厂加工程序简单，去过中国的马可 · 波罗对此曾有记载。欧洲的糖加工业主要集中在安特卫普，但该城在 1576 年被西班牙军队洗劫一空。安特卫普本是荷兰南部充满活力的经济中心（又称为“利润丰厚的行业聚集地”），也是葡萄牙商船进口外国货物的主要集散地（虽然背后的金主通常是德国人、犹太人和意大利人）。当时，糖只是从遥远的市场进口的众多商品之一，但糖加工及其造成的难闻的烟雾和污染，很快成了安特卫普城市风景的一大特色。1550 年，该市共有 19 家炼糖厂。

25 年后，由于越来越多的当地商人从事糖业贸易，伦敦和欧洲其他主要港口也变成重要的炼糖中心。到 17 世纪中期，尽管当地政府试图减少炼糖厂因燃煤所造成的污染，但阿姆斯特丹的炼糖厂却仍高达 40 家。此时，欧洲的糖来自美洲的甘蔗种植园。

在此期间，荷兰的贸易和海上力量崛起。当时，很大甚至绝大部分巴西产的糖都是依靠荷兰的商船横跨大西洋运输的。糖之所以被运往北欧，是因为巴西缺少正常炼糖所需的设施。事实上，我们可以通过安特卫普和阿姆斯特丹炼糖厂的增长数量来估算巴西的糖出口量。1650 年至 1770 年，阿姆斯特丹的炼糖厂从 40 家增加到 110 家；1753 年，伦敦有 80 家炼糖厂。

在巴西，糖经过简单的初步提炼后，生成了大量的朗姆酒，以供本地人消费；还有很多的朗姆酒则运往南大西洋彼岸，以换取更多的奴隶。[7] 虽然朗姆酒在欧洲和殖民时期的北美地区也极受欢迎，但是糖才是这一以奴隶制为基础的重要体系的引擎。直到 17 世纪 30 年代，巴西的糖业都没有遭遇过真正的竞争对手。此后，英国和法国在加勒比海地区的新殖民地进行了激烈的竞争。来自圣基茨、巴巴多斯、牙买加，特别是法属圣多明各的糖，改变了西方世界糖业经济的面貌。但所有地区，无论是北部的牙买加，还是南部的萨尔瓦多，都依赖于非洲的奴隶劳工。糖业经济的模式已经定型：糖和奴隶制密切相关。

虽然在这场帝国的博弈之中，法英仅是后起之秀，但它们深知热带殖民地的巨大商业潜力，因此开始大力开疆拓土。谁能知道这些富饶的加勒比土地会产出什么呢？虽然巴西的糖业发展的根基已十分坚固，但还有其他的商机等待着这些大西洋彼岸的殖民者。

西班牙人把多种作物带到加勒比海地区，但并不是所有的试种都获得了成功（小麦就是其中一个著名的例子）。糖的到来则改变了加勒比海地区，尽管在早期它还面临着其他商品的竞争。在东加勒比海的一些小岛定居之后，人们尝试着种植各种农作物，特别是烟草、槐蓝属植物和棉花。以西班牙人为首的早期定居者，细心探索，尝试着一种又一种农作物。然而，他们很快就将目光转向了甘蔗种植和加工。[8]糖引发了一场对人类乃至生态产生深远影响的重大革命。这场“糖的革命”改变了加勒比海地区的面貌。它永远改变了这里的自然栖息地、地貌和人口。虽然我们可以计算岛屿上的人口和动植物物种的变化，但我们同时还需要考量糖对西方乃至全世界口味的影响。巴西成功激起了西方国家对糖的渴望，加勒比海地区发生的变迁则开启了糖搅动世界的先河。

甘蔗最初是在小种植园种植，后来规模慢慢扩大。起初，甘蔗种植的劳动力来源不一，既有欧洲的自由劳工，也有契约劳工；但随着甘蔗种植园在此扎根并日益壮大，非洲奴隶日益占据主要地位。此时，种植甘蔗及榨汁加工已是广为人知的工农业生产程序。巴西的经验表明，若有好的运气和管理，甘蔗种植这一商业投资是一桩赚钱的生意。加勒比海地区的殖民者沿袭巴西殖民者们的模式，继续利用着欧洲的资金和市场。他们与北美的殖民者一样，起初并不清楚该选择种植哪种农业产品。但到了 17 世纪 40 年代，巴巴多斯开始转向甘蔗种植，并迅速扩张至瓜德罗普岛、马提尼克岛、圣基茨岛、尼维斯岛、安提瓜岛、蒙特塞拉特岛和牙买加。无论在何处，糖的成功都依赖于宗主国的庇护及其在欧洲市场的高价。

所有这些，促成加勒比海地区成为世界产糖中心。1650 年，巴巴多斯的糖出口量达到 7 000 吨。18 世纪，英属加勒比海地区的糖产量高达 2.5 万吨，超过了同期巴西的 2.2 万吨。此时，全球十大糖出口国都属于美洲的殖民地，出口总量达到 6 万吨，这些糖销往世界各地。所有这些出口地都依赖于非洲的奴隶。

在不到一个世纪的时间内，糖出口国的数量翻了一倍。1750 年，它的总产量达到 15 万吨。1770 年，糖的总产量超过 20 万吨，其中 90% 来自加勒比海地区。仅牙买加和圣多明各两地就占加勒比糖产量的 50%，其中前者为 3.6 万吨，后者为 6 万吨。[9] 如果没有涉及数百万非洲奴隶的史无前例的残忍交易，这一切是不可能发生的。糖已成为奴隶制的代名词。

虽然小农场主可以种植甘蔗，然后交给他人进行压榨和加工，但人们很快就意识到，大型种植园才可以使甘蔗利益最大化。与其他农业生产形式不同，甘蔗种植是劳动密集型作业，需要成群的工人按照一定的节奏进行高强度的劳动。到 18 世纪中期，加勒比海地区早期使用男女老少分工协作的甘蔗种植模式已不复存在。欧洲的契约劳工逐渐消失，甘蔗种植已被大型种植园垄断，劳动力主要是非洲奴隶，而这仅仅只是因为契约劳工的数量无法满足糖料种植园对劳动力贪婪的需求。

在加勒比海地区，甘蔗种植园主更喜欢使用非洲奴隶。在 18 世纪的最后 25 年里，废除奴隶制的呼声高涨，英国颁布了相关法令禁止奴隶买卖。而在此之前，几乎没有人质疑有关奴隶制的道德问题。此外，从欧洲殖民美洲初期开始，不同形式的奴隶制就已经存在，特别是对印第安人的小规模奴役，但整体上是不成功的。这些从大西洋彼岸运来的非洲人——如果他们能在旅途和登陆中幸存下来的话（多数人没有存活下来）——终其一生都在为甘蔗种植园劳作。他们的子孙后代亦是如此。根据殖民地其本土法律和当地法律，非洲奴隶和动产、物品及不动产一样，是可以买卖、继承和遗赠的“物品”。奴隶的这种财产地位是广袤的美洲殖民地奴隶制的基础。尽管存在一些明显且无法避免的不确定因素（尤其是在法律方面），但它定义了整个奴隶制时代非洲奴隶及其后代的地位。它还意味着，奴隶主事实上可随心所欲地处置奴隶。每一个参与日益复杂化的大西洋糖业贸易之中的人——尤其是种植园主和商人——都编造出各种使用非洲奴隶的理由，比如他们生来具有辛苦劳动的力量和对热带疾病的抵抗力。奴隶主这样做的真实原因是出于经济利益的考虑——尽管路途遥远，但使用非洲奴隶的成本较低，且容易被替代，而其他类型的劳工却并非如此。

来自大西洋各个角落，欧洲各大港口及从美洲罗德岛到里约热内卢的美洲各大港口的运奴船只，云集在非洲的大西洋海岸。他们用各种商品交换非洲奴隶。这些奴隶再踏上极其恐怖的跨大西洋之旅。在此期间，他们常被囚禁在非洲港口里的运奴船上长达数月之久，直到奴隶被装满。这段航海旅程十分凶险，且疾病肆虐，死亡率极高。船员又残暴无常，令非洲奴隶们惶惶不可终日。幸存的奴隶（如果他们侥幸存活的话）上岸的时候，已经虚弱无比、跌跌撞撞，从此开始他们在美洲劳苦的一生。数百万非洲奴隶的命运就是在甘蔗田里劳作。

直到 19 世纪 40 年代，非洲奴隶一直是美洲地区最伟大的拓荒者。从现代看来，受非洲化影响最为深远的美洲地区是巴西、北美和从佛罗里达南端延伸至南美洲东北端的面积超过 2 000 英里（3 219 千米）的众多岛屿。被贩运的非洲奴隶多得令人震惊。据我们所知，有 1 200 多万非洲奴隶被装上船，但只有 1 100 多万人活着踏上了美洲的土地。曾经的跨大西洋小规模的奴隶贩卖，逐渐演变为近现代史上最大规模的强迫性人口迁徙。在 16 世纪 70 年代，每年贩卖至美洲的奴隶约 2 000 人。17 世纪初，人数增加到每年约 7 000 人，到 17 世纪 60 年代则达到 1.8 万人。糖的到来见证了这些数据的急剧增长。18 世纪 90 年代，每年被运抵美洲的非洲奴隶有 8 万人，其中绝大多数到了巴西和加勒比海地区。超过 100 万非洲奴隶被运到了牙买加，约 50 万人到了巴巴多斯岛，即便面积相对较小的多米尼加岛，也接收了 12.79 万非洲人。[10]

非洲奴隶及其在美洲出生的后代，从事着但凡能够想象得到的艰苦劳动：从在码头装卸货物、处理新来的非洲奴隶等工作开始，直到在美洲殖民地的偏远地区劳作。他们成为矿工、放牧人、伐木工、护士、厨师和裁缝，还有很多人是熟练的工匠——细木工、制轮工匠、金属工匠、制糖厂的锅炉工、田地里的车夫、镇上人家和种植园里的仆人。非洲奴隶在美洲无处不在，但绝大部分都集中在甘蔗田里从事着异常艰苦的劳动。

在那里，他们被编排成“队伍”——外行人使用军事术语来描述在蔗糖田里工作的奴隶——身体最强壮的第一队奴隶（不论男女）被指派去从事最繁重的工作，即砍伐甘蔗。紧随其后的是第二队和第三队，包括男人、女人和小孩，他们负责整理并捆绑甘蔗，然后装到驶往工厂的手推车上。熟练的奴隶负责将甘蔗碾碎、煮沸和过滤成汁。蔗汁最终加工成糖浆和桶装的黑砂糖。半成品则被牛车和骡车运到河边，装船后驶向大西洋彼岸的港口和炼糖厂，然后从那里销售给欧洲乃至全世界爱吃糖的消费者。

只要能找到合适的工作，这些甘蔗种植园里的奴隶在儿童期就开始进入劳动力市场。当年事渐高时，他们则离开高强度的体力工作，转而从事一些对体力要求不高的杂活。他们终其一生都在辛勤劳作，直到伤残、事故或疾病使他们变成种植园的记录簿上所谓的“老而无用”之人。

在非洲奴隶开始在甘蔗田劳作之前，他们已变成一项投资。当他们第一次在非洲被交易时，便具有了价值；而从踏上贩奴船的那一刻起，他们的头顶上就贴上了价格标签。尽管很具有讽刺意味，但非洲奴隶就是一种贸易品。他们被贩奴商人及后来的种植园主视为一种投资，因此需要有人管理和照料。虽然在贩奴船上和种植园里都遭受着暴行、虐待和惩罚，他们却是奴隶主代价不菲的投资。在种植园里，奴隶主监视着奴隶的健康和心理，根据他们的生理年龄和状况分配合适的任务，从幼年到老年从不停歇。18 世纪晚期，牙买加糖料种植园的非洲奴隶定期接受医生的检查，甚至接种天花疫苗，因为天花在当时是奴隶中的一大祸患。种植园主还为奴隶提供相应的食物、住所和衣服，但这些都是奴隶通过在土地或者花园里努力劳作换来的。种植园主提供这些生活必需品，并非是出于慈善或者人道心理，而仅仅是为了经济需要。为了使奴隶的价值最大化，在环境和资金允许的情况下，甘蔗种植园主们要让奴隶尽可能地保持健康。

正因为如此，糖奴制显现出人性化的一面。任何研究糖奴制的学者，或观看过那个时代画作的人，都熟悉这一点。人们常常可以在当时的画作里看到如下景象：蔗田里，年轻力壮的男性和女性奴隶从事着最繁重的工作，年幼或年老的奴隶紧随其后；一小部分奴隶则熟练地负责运输，并将甘蔗加工成糖和糖浆，最后装船。种植园里还有老人、妇女和打闹的儿童，他们负责屋子内外、院子和牲畜棚圈里的一些杂活。无论从事哪种工作，奴隶们都得起早贪黑。

对于甘蔗种植园主来说，他们清楚地知道对奴隶的期待是什么，无论后者从事何种工作。奴隶主和监工都非常清楚奴隶们在某一具体工作上，在精确的时间点内能完成多少任务。在从欧洲进口的大量分类账簿上，他们精确记录了奴隶们成功完成的工作。这些记录年复一年，寒来暑往，从未间断。虽然种植园的分类账簿准确无误，但却冷酷无情。

这些分类账簿为经营蔗糖种植园提供了蓝图。从未有这般分毫不差却又毫无人性的对土地和劳动力的分析，从未有这般严格的从劳动力中榨取最大利润的制度。奴隶们不仅要遵守种植季的严格纪律——从一月到仲夏的甘蔗砍伐和加工，以及种植新的甘蔗、培育土地以备下一季作物——他们还面临着严重的胁迫。有人这样描绘在甘蔗田里劳作的奴隶：画中的奴隶主及马夫总是坐在马鞍上，手握长鞭，随时准备着抽打奴隶，督促他们工作，这并非是艺术想象。当然，这个体系中包含着物质奖励：额外的食物、衣服、节假日的大餐，但总体而言，糖的生产是建立在冷酷无情的奴隶制基础之上的。不过，无论是在伦敦，还是在巴黎，当人们在茶或咖啡里加上一勺糖的时候，有谁会为此思忖片刻呢？又有谁听到过鞭子的响声呢？

甘蔗种植园是高度组织化的机构。奴隶劳动力，就像每一英亩土地一样，被列入表格并进行管理。种植园的文字材料——记账员所使用的分类账簿——记录了种植园生活的方方面面。账本上的奴隶清单——他们的姓名、年龄、健康状况和劳动价值——与种植园里的牲口和其他物品的详细信息罗列在一起。一切事物，从木工盒里的工具到甘蔗田里一队队奋力收割甘蔗的非洲奴隶，都有成本和价值。

当种植园主们旅居海外（那些较成功的种植园主梦想着荣归法国和英国的“故里”）时，留下来负责管理他们的产业的律师则通过成堆的穿梭于大西洋两岸的邮件，事无巨细地汇报着种植园和奴隶们的一举一动。这个世界不仅是奴隶的世界，也是那些受过教育的人士塑造的国际化世界。商人、航运商、船长、种植园主和记账员之间都有频繁的书信来往，包括通知报告、下单订购、买卖商品、商业指导意见。大西洋糖业贸易车轮运转的润滑剂就是有大量精通文书和计算的雇员。在英国，糖业的发展得益于受过教育的苏格兰人，他们在英国的大都市和甘蔗种植岛屿之间发挥着举足轻重的作用。

虽然在现代人看来奴隶制有悖常理，但当时几乎没有人质疑它。直到 18 世纪中后期，奴隶制和奴隶贸易的道德问题才开始引起广泛的质疑。原因非常简单明了：这是一个由糖驱动的社会机制，它为所有人带来大量的财富和幸福——当然，非洲奴隶除外。虽然奴隶制问题的焦点在非洲海岸，在跨大西洋的贩奴船及美洲种植园，虽然欧洲人很容易认为奴隶制是一个遥远的“殖民”问题，但它给欧洲腹地带来的利益和恶果却是显而易见的。在欧洲码头边装卸货物的船只，要么是驶向非洲，要么就是装载着奴隶种植的农产品。各行各业建造了数千艘船只，装载着货物驶向非洲的奴隶市场。在工厂和仓库里，如阿姆斯特丹和利物浦的糖厂，以及格拉斯哥的烟草仓库，各种奴隶种植的农产品在等待加工。显然他们是在非洲奴隶身上找到了在欧洲的生存之道，并在此定居。

成功的贩奴商人在波尔多、布里斯托尔、巴斯等地的豪宅，糖业大亨们在乡村的别墅，这一切淋漓尽致地展现了奴隶制带来的益处。即便在最简陋的房子里，人们也可以享受一杯甜茶或甜咖啡带来的简单乐趣。奴隶劳动的果实已彻底渗透到西方世界，它与西方的社会结构和物质世界是如此紧密地联系在一起，以至于人们很难意识到它的存在。当奴隶制给“文明”世界带来如此多的益处时，谁还会质疑它呢？在很大程度上，奴隶制免受质疑的原因是它为如此多的人带来了如此多的利益和快乐。对于欧洲人来说，奴隶制给数百万非洲奴隶带来的痛苦或不幸基本上是被无视的。它潜藏在地平线以下，看不见，也感受不到。

奴隶制不断发展壮大。越来越多的非洲人被装上跨大西洋的贩奴船，他们大部分遭受着炼狱般的海上磨难，大量的非洲奴隶被编成种植园里的劳动力大军，并忍受着被奴役的生活，而这一切仅仅是为了西方世界的利益，一个他们知之甚少的世界。这一切从未受到实质性的质疑，直到 18 世纪 70 年代。当时，英格兰和苏格兰出现了一系列的法律案件，挑战了英国国内的奴隶问题，并开始撼动整个大西洋地区的奴隶制。奴隶制在英格兰、苏格兰合法吗？强迫一个人从英国返回奴隶殖民地合法吗？当遭遇海难，将非洲奴隶扔下船后，奴隶贩子是否可以为此索赔其保险金呢？如果可以的话，是否会导致奴隶遭受更残忍的待遇？

在法庭上，在更广泛的读者和公众面前，这些法律问题揭露了奴隶制和奴隶贸易的残酷现实。在一个由美国独立战争及后来的法国革命催生的日益激进的社会动荡时期，这些问题引发了一场史无前例的关于奴隶制的政治和道德辩论。然而，具有讽刺意味的是，辩论发生之时正是奴隶贸易和奴隶制蓬勃发展的时期。在此之前，奴隶制给西方世界所带来的好处，使得欧洲人对非洲奴隶所遭受的苦难和压迫置若罔闻，这些批评无人理会。

多年来，欧洲人本可以将奴隶制带来的负面影响降到最低。19 世纪现代工业变革所带来的过度剥削和压迫，似乎掩盖了过去发生的一切。然而，我们应该记住这一点，直到 18 世纪晚期，糖经销网络——尤其是加勒比海地区和巴西——囊括了世界各地的大型制糖企业。它们资金最雄厚，生产效率最高，劳动力最为丰富。[11] 难怪在奴隶种植甘蔗的整个时期，所有欧洲帝国都将加勒比海地区的甘蔗种植岛屿视如珍宝，并为其发动战争。非洲奴隶使得“糖革命”

成为可能，而这场革命使得这些岛屿变成皇冠上的宝石。

加勒比海地区糖产量的激增保障了整个西方世界对糖的巨大需求。当欧洲人来到遥远的殖民地或军事岗哨时——北美、印度、非洲，以及 1787 年后的澳大利亚——他们也带来了对糖的眷眷之心。最终结果是，糖首先由贩卖至美洲的非洲奴隶生产，然后运往欧洲进行提炼，最后售卖到任何欧洲人踏足的地方，无论是建立家园、贸易或军事基地，还是仅仅在帝国的边境安营扎寨。糖，一度是富裕的精英阶级专享的奢侈品，而如今全世界的人们都可以尽情消费它。到 18 世纪末，在市场、街角商店、时尚商场甚至最简陋的乡村商店，糖都随处可见，全世界的人们对糖如痴如醉。

第4章 “拓荒”与毁灭

在18世纪，糖的产量大幅增加的主要原因，不是糖料种植和加工技术的改善，而是糖料种植园主搬迁到新的甘蔗田。尽管种植方法上的确有一些细微的改进，但真正的变化在于糖料种植面积的扩张。

这种扩张对加勒比海地区生态环境产生了巨大影响。随着“刀耕火种”式的新土地开发，自然栖息地遭到严重削减和破坏。糖造成了巨大的生态变化：自然环境，特别是当地的雨林，遭到大面积的破坏，整齐有序的田地被开发出来，形成了有规则的几何形状的种植园。

处于巅峰时期的种植园，里面都是些经过精确测量、井然有序的土地，得到精心维护的农田和作物，以及为方便人员和货物在当地与海岸、非洲或欧洲之间往来而建造的乡村公路。当我们乍一看这些时，似乎“糖的革命”是相当平和的。人们很容易忽视的是糖革命之前的自然世界，因为它早已不复存在。当人们初来乍到时，看到的大多是茂密得难以穿越的雨林，但如今它们几乎已消失殆尽，取而代之的是整齐的随季节生长或收割的甘蔗丛。甘蔗创造了一个由土地测量形成的全新地貌：墙壁和围栏将土地切割为一个个正方形和长方形。这是一个历经数代、一丝不苟的土地测量员努力而形成的人造景观，他们的数学和技术能力将一个曾经看起来无法穿越的丛林，改造成为一个井然有序、易于管理的农业体系。

现存的糖料种植园看似是自然景观，但在 1750 年，它还仅是一个焕然一新、富有革命性的、井然有序的理想愿景，是人们为满足种植更多的甘蔗所需催生的产物。在此之后，这种为糖料种植扫除障碍而采用的“刀耕火种”的方式，给自然环境和人类带来了无法弥补的伤害。其后果即使到 18 世纪中期仍产生影响，当时用于欧洲家具制造的红木遭 到了严重的破坏。

众所周知，自 17 世纪以来，糖业经济的发展给人类的饮食带来了巨大的变化，但它给人类和环境带来的破坏却鲜为人知。大量的外国劳动力来到糖田工作，改变了糖料种植地区的人口和地理面貌。而糖料种植园，作为一种迅速崛起的重要产糖方式，则改变了自然面貌。糖料种植园自然景观的出现似乎不值一提，乍一看它只是自然环境的一部分。当地人口面貌的变化似乎也微不足道。但事实上，该地区的人口和地理面貌是为种植糖料而生的。糖导致环境和在这种环境下工作的人口面貌发生了本质的变化。

自哥伦布发现美洲新大陆后，外来人口和物种的迁入，给当地的人口和自然环境带来复杂的变化。其中，最为著名且最为显著的莫过于给美洲原住民带来的灾难。远在“糖的革命”真正爆发之前，这些变化就已悄然发生。但糖的出现，特别是大型糖料种植园的迅速发展，才最终促成人口和自然面貌的剧烈变化。这是 1492 年欧洲人首次登陆加勒比海地区就注定要发生的。一个世纪以后，拉斯·加萨斯描绘了该地区惨不忍睹的状况：“我们应记得，我们刚发现这个岛屿时，岛上熙熙攘攘、人头攒动，如今岛上的居民被我们从地球上抹去，住满了衣冠禽兽。”[1] 泰诺人从南美洲移居加勒比之时，并没有给当地的自然环境带来重大的影响，但欧洲人却截然相反。他们的迁入是一种侵略行当，他们将印第安人视为定居和殖民的主要障碍，他们带到加勒比海地区的动物、植物及制度彻底改变了岛上的生态系统。

在欧洲人向加勒比海地区殖民之前，该地区人口的精确数字无从知晓，但此后发生的事情却是无可争议的：在他们入侵前夕，所有面积较大的加勒比岛屿人口稠密，生产力高。据估计，海地岛的原住民人口有 100 多万、波多黎各岛 50 余万、古巴岛约 10 万到 15 万、牙买加岛约 10 万，还有 4 万人分散在巴哈马群岛。大约有 200 万印第安人生活在加勒比海地区。

但不到 1 个世纪，这一切都消失了。人们愉快地适应了加勒比岛屿的资源和环境，并欣然接受来自南美的植物和知识。他们也曾面临不时出现的自然灾害——火山、地震甚至海啸（1498 年和 1530 年）——最常见的还是飓风，这跟现在没什么两样。然而，与 1492

年哥伦布抵达美洲之后发生的事情相比，所有这些自然灾害都是微不足道的。这场看似“无足轻重的人为入侵，实际上是带来了灾难性的后果”。现代最杰出的研究加勒比海地区的历史学家将这一殖民过程描述为“哥伦布大灾难”。[2]

1492年后，欧洲人和非洲人来到加勒比海地区，带来了他们自己的甚至某些源自更远地方的动物、植物和科技。很快，这些加勒比岛上的非洲人以北大西洋的鱼类为食，从而有力气种植来自北美、阿拉伯地区和亚洲的农作物，以迎合西方世界的口味。新的动物及新的农业体系需要大片的土地，其大部分都是从热带雨林开荒出来的。这改变了一切。凌驾于这一切之上的是欧洲君主制政府对加勒比海地区的人民的政治控制，这是一种原住民前所未闻的暴力军事统治。拉斯·加萨斯再一次一语中的。他说道：“一个衣不蔽体的民族，除了弓箭和木制长矛外，手无寸铁；除了草棚外，没有任何防御设施。他们如何能攻击或抵御配备着钢枪铁炮、马匹和标枪的军队呢？不出数小时，这些军队就可以刺死数千岛民，或随心所欲地撕破无数人的胸膛。”[3]加勒比岛屿实际上已成为一个创造新文化与民族的熔炉。泰诺人已经灭绝，取而代之的是克里奥尔文化，其中主要是非洲人，但控制权掌握在欧洲人手里。自17世纪40年代起，糖业是推动这种文化发展的引擎。

刚到岛上的欧洲殖民者起初不得不依靠自己开垦的土地勉强糊口。但是，种植出口作物——最初是烟草和棉花，后来变为甘蔗——

需要清除灌木和树林。这是一项极其艰巨的任务。斧头和伐木工都不足，因而最简单、最普遍的方式就是“刀耕火种”。在最初的20年里，圣基茨和巴巴多斯的土地开垦进展缓慢。糖料的到来，及第一批小型种植园和私有土地的出现，则加速了这一进程。随着糖日益受到人们的欢迎和出口量的增加（与此同时，被贩卖来的非洲奴隶也在增多），越来越多的土地成为糖料种植的牺牲品。巴西的甘蔗和种植经验被带到巴巴多斯。到1640年，甘蔗最终在巴巴多斯落地生根。第一批种植园主赚取了丰厚的利润后，他们购买了更多的奴隶和土地，扩大糖料种植规模。一些上等的有用木材被保留下来，用于建筑和出口，但大片的丛林只是被简单地毁掉，目的是为了开辟出可供耕种的土地。

到了1650年，巴巴多斯中部的大部分森林已遭毁坏。仅仅5年后,除了最偏僻的溪谷和山坡,岛上大部分森林都被砍伐殆尽。从此，巴巴多斯地表空旷、一览无遗。游客们沿着海岸线航行，或骑马进入岛内，可以看到绵延数英里的蔗田。理查德·利根于1647年左右写道：“当我们沿着海岸前行时，映入眼帘的是一片片种植园。”

甚至糖料种植园主也感受到生态问题的影响。在树木砍伐殆尽之后，他们不得不从英国进口煤炭，以加工产糖作物。[4]随着糖业的繁荣，那些较成功的种植园主得以买下相邻的小种植园。更大的糖料种植园开始主宰自然景观，正如大种植园主们开始主宰社会和政治格局一样。到17世纪末，糖成为无冕之王，其声音即使远在伦敦都能听到，且备受尊重。然而，若没有非洲奴隶，这一切都不可能实现。在18世纪初，约有18万非洲奴隶被贩运到巴巴多斯。[5]尽管这给种植园主及英国国库带来了巨大的利润和福祉，但森林的消失对岛屿则造成了极具破坏性的影响。外来树种，如椰树、番石榴树和多种灌木，被移植到岛上并茁壮成长；但老鼠也随之而来，它们尽情地啃食甘蔗，成为所有产糖岛屿的主要祸害。[6]

大火毁灭了岛上大片的天然植被。1666年至1667年，法国人烧毁了圣基茨郡的英国种植园及当地的植被。这与他们在圣克罗伊的做法几乎一模一样。1672年，圣基茨、尼维斯及蒙特塞拉特低地的森林都化为灰烬。似乎只有安提瓜还尚存一些原始森林，不过即使在那里，大火也已烧掉大片的植被。当其他岛屿的殖民者陆续开始种植甘蔗时，他们也采取相似的定居和森林砍伐方式，这并不令人惊奇。譬如，牙买加就是在18世纪发生变革的。那个世纪的糖业大发展，还导致了瓜德罗普和圣多明各的森林被砍伐殆尽。1750年，在安提瓜的所有地区，甘蔗种植占据着统治地位，森林已所剩无几。1712年，牙买加的糖产量超过了巴巴多斯，森林景观也被种植园取代。

当时的地图揭示了牙买加的早期殖民者是如何从沿海平原和内陆山谷进一步拓展到其他内陆区域的——只要人们能够从牙买加的自然荒野中夺取土地，供糖料种植所用。1670年，牙买加建有57家糖厂，1739年增加到419家，1786年又增加到1 061家。18世纪

90年代的8年里，仅圣詹姆斯的北部教区就新建了84家糖料种植园。不仅如此，与巴巴多斯早期一样，牙买加糖料种植园的规模也大幅增加。1670年，牙买加724家糖料种植园的平均面积为261英亩（1 584亩）。1754年，这个数字则增长到1 045英亩（6 343亩）。其中，4%的种植园面积超过5 000英亩（3万亩）。[7] 这些土地都是通过“刀耕火种”的方式和非洲奴隶的辛勤劳作，把天然森林变成甘蔗田。到18世纪，已有约9.5万名奴隶登陆牙买加。在其后的一个世纪中，超过80万奴隶来到牙买加，虽然他们中的很多人将被转运到其他殖民地。[8]

糖无论在何处扎根，模式都似曾相识。曾经的荒原和森林被井然有序的种植园所取代，道路穿过蔗田直达当地糖厂，一直延伸至最近的水滨装运点，以便继续运往欧洲和北美。一小撮白人种植园主管理着这一切。他们雇用了会认字和记账的员工以及大量的非洲奴隶。关于种植园主有如下描述：“他们从贩奴船那里购买奴隶。奴隶们几乎衣不蔽体，因而任何外在的身体缺陷都逃不过他们的眼睛。他们挑选奴隶的方式就好像在市场选马一样：最强壮的、最年轻的、最好看的奴隶总能卖到最好的价钱。”[9] 从切萨皮克湾到查尔斯顿，再到整个加勒比海地区，再向南直到里约热内卢，欧洲所有海洋强国和美洲国家的船只源源不断地运来奴隶劳工，以开疆拓土、把茂密的植被变成耕地。奴隶们从事着各种我们可以想象得到的工作——从水手到放牛工——但大多数非洲奴隶在他们人生的某一阶段，注定要成为种植糖料的劳动力。

种植园渐渐开始种植烟草、水稻、咖啡、棉花等多种农作物。但在16世纪的巴西和17世纪的加勒比海地区，只有糖料才最终成为最完整、最有利可图且最理想的作物。这些地区的生态环境和非洲奴隶为此付出了巨大的代价，但拥有、管理、支持并从糖料种植园中获益的人却毫发无损。

糖料种植园模式提供了如何将一片处女地和奴隶劳动力相结合，并为其所有人带来经济利益的极为成功的范例。当然，奴隶不在此之列。糖料种植园仿佛是殖民者发明的一个聚宝盆，它带来无可比拟的繁荣。糖，就是无冕之王。

然而，奴隶制的结束给糖料种植园主带来了严重的问题。获得自由的奴隶将种植园视为奴役之所，不愿再在此工作，并纷纷离开。一种新的“契约劳工”制度填补了劳动力的空白。这些工人招募自印度，他们从加尔各答大量涌入曾经的奴隶殖民地。印度劳工并非奴隶，但也肯定算不上是完全自由的。被奴役的非洲移民社群被印度人所取代。[10] 奴隶制结束后，大量流入的人口来源于印度次大陆。他们大多数人来到最近因非洲奴隶解放而腾空的糖料种植园工作，也有一些人前往新开发的殖民地。在那里，自由劳工难以雇到，或者他们根本就不愿意从事糖料种植这一终身苦役。

人们在美洲甘蔗田里率先尝试并最终完善的方法，后来应用于很多其他地区的各种农业活动之中。19世纪上半叶，为美国带来巨变的棉花种植潮就是以南方各州的奴隶种植园为基础的。当英国人将茶叶带到印度时，他们也是以种植园为大本营的。东非的茶和咖啡、西非的棕榈油和可可、马来西亚的橡胶、夏威夷的糖和菠萝，以及斐济的糖，也是大同小异。在所有诸如此类的例子中，有两个相关的因素导致了这种巨变。新的占据统治地位的农作物被引进，从而颠覆了现有的自然景观。土地上的植物被砍伐一空，森林和其他栖息地遭到破坏，原住民屈服于外国种植园主的严酷统治。若当地劳动力不能或不愿被种植园的生活任意摆布时，整个糖业背后的种植园主和政府就从其他地方寻找劳动力。印度劳工再一次不远万里，以满足种植园贪婪的胃口。他们被发配到加勒比岛国、印度洋的种糖岛屿、锡兰的咖啡和茶种植园，甚至更遥远的斐济。

无论糖料作物在何处生根，都会破坏当地的自然环境。糖的种植方式不尽相同——毕竟，在种糖地区的小糖农不计其数，他们的种植面积仅几英亩而已——但从 17 世纪以后，加勒比海地区发生的殖民活动最终奠定了糖料种植园的主导地位。那些种植园需要大量的劳动力，而且工人们不得不忍受异常艰苦的劳动环境。非洲奴隶们工作的糖料种植园本身是一个小王国，但它与世界的另一头息息相关。这还是一个可塑性强、韧性十足的小王国，即使在奴隶制结束后依旧繁荣昌盛。[11] 从奴隶时期直到现在，糖在热带地区的各个角落蓬勃发展。

如今看似天然的景观——那些非洲、印度和欧洲后裔及混血后代们井然有序的家园——其实是特定历史环境的产物。这一生态和人口结构巨变的历史进程的引擎，就是糖料种植园和全世界对甜味日益增长的需求。

在一个个加勒比海岛上，两大密不可分的进程改变了当地的自然环境和人口结构。随着非洲人口日益增加，原始的自然环境在糖料种植的大军面前节节败退。在主要种植其他农作物的岛屿，情况大底也是如此。事实上，这两个进程是相生相伴的，从非洲贩入的奴隶们既是糖料种植的突击队，也是改造土地面貌的急先锋。他们砍伐灌木，烧毁雨林，用斧头砍下黑熏熏的树墩；他们也耕种土地，将田地有序划分，为糖和其他出口作物创造空间。对于西方的糖消费者而言，奴隶的困境以及他们被迫改造的土地是一个遥不可及的世界。眼不见，大抵也就心不烦。

第5章 “独乐乐”与“众乐乐”

1844年，罗奇代尔的纺织工人率先发起英国的消费合作社运动。他们作为合作社的创始成员，拿出28英镑，购买了第一批生活必需品：除黄油、面粉和燕麦外，还买了糖。当时，糖已经成为人们日常生活的必需品，花样繁多，价格不一，且遍布全球。但是，糖这一在世界各个偏远角落里种植和生产的商品，是如何到达人们手里的呢？人们是如何买到糖的呢？现如今，我们生活在一个购物文化盛行、商店鳞次栉比的世界里，因而很难想象早期社会是如何获得生活必需品和奢侈品的。

在现代商店出现之前，社会各阶层人士通常只能买到当地的商品。他们买卖、种植或生产本区域内的日用品。而现代意义的商店则是一个较新的现象。那么，此前的人们是通过什么渠道获得糖和其他商品的呢？毕竟，这些商品只有跨越千山万水，才能到达消费者的手中。

富裕阶层雇用劳工和工匠劳作，准备食材，制作鞋子、衣服和其他生活必需品。贫苦大众只能自食其力，竭尽其所能也才勉强做到糊口。人人都需要从本地的交易场所——集市或流动商贩那里购买食材、衣服，或者购买制作衣服和鞋子的布料。大部分商品都产自当地，虽然也有不少来自稍远地区的可以满足家庭和社区所需的货物，如木材、煤炭和离当地最近的海岸生产的咸鱼。供富人使用的奢侈品则来自更遥远的地区，如法国和意大利的葡萄酒、油、香料和高档纺织品。这些商品进入各地的集市，进而形成了遍布中世纪欧洲各国的流通网络。

集市成为城镇和市民生活的中心，受到政府的监管和检查，在当地的社会经济生活中发挥着至关重要的作用。成千上万的集市将城镇与农村和农业腹地甚至更广阔的世界连接起来。从 13 世纪至 14 世纪中期，仅英国就新建了大约 2 000 个集市。中世纪的集市广场成为城镇景观的“标志性特征”，且在很多地方留存至今。[1]

每逢集市日，广场上各种商业和社交活动云集。屠夫和卖鱼妇叫卖着招揽生意，旁边就是亚麻布和皮革商的摊位。起初，集市商贩使用临时摊位；集市一结束，临时摊位即被拆除。到了 13 世纪中期，许多临时摊位成为永久性摊位。以鱼贩和屠夫为首，市场摊位日渐完善，演变为商店或“肉铺”（约克郡著名的肉铺街一直完好保留至今，可以说是英国的最佳案例，但如今这个地方更多的是被视为一个旅游景点）。* 在这里，食物得到储藏，以免变质。最终，露天集市演变成小型永久性建筑——封闭的交易大厅和商店。[2]

大多数人去集市购物，但有些商品，譬如有时可负担得起的少量的奢侈品，也可从流动商贩那里购得。流动商贩通常都不被那些视其为竞争对手的商店老板的待见。尽管他们扮演着重要的角色，但却名声不佳。他们的旅行箱和背包里装满了许多人们心仪的廉价商品。16 世纪末，流动商贩是向顾客提供来自远方、具有异国情调的奢侈品的重要渠道。其中，香烟就是早期的一个例子。

但若论规模之宏大、品种之丰富，则非 12 至 13 世纪兴起的展销会莫属。到中世纪末，英国共有约 2 700 个展销会。其中，一些展销会专门销售鹅、奶酪或马（其中的一些还原样流传至今），但还有一些展销会是为了销售来自英国各地和其他遥远的欧洲大陆的商品。人们长途跋涉来到展销会交易商品。[3] 来自欧洲的商人一路北上，穿过英吉利海峡，带来了从南欧和地中海集市上购买的商品（譬如橄榄油、毛皮和葡萄酒。当然，还有糖）。就是在这些展销会上，皇室、贵族和宗教机构的管家们争相囤积奢侈品和食物。同样，也正是在这些展销会上，一贫如洗的购物者第一次看到了他们垂涎已久、但却望而却步的奢侈品。[4]

不管是需要储存必需品和奢侈品，以满足大量居住在那里的大

---

* 《哈利波特》系列电影中“对角巷”的外景地。——译者注

户人家，还是可能被邀请参观和用餐的大多数群体来说，展销会都十分重要。上流社会人士亲自或派他们的仆人们前往伦敦的大型展销会，采购在乡下或当地无法买到的外国商品。

虽然很多外国商品如今都可以在伦敦轻易获得，但到中世纪末，展销会却开始慢慢衰落了。正如我们所见，糖已进入千家万户。无论通过何种途径——展销会、集市或伦敦的商店——到 13 世纪末，贵族家庭囤积了大量的糖。例如，1265 年的莱斯特伯爵夫人和 1289 年的斯威菲尔德主教，他们的厨房都是如此。[5]

此时，英国各大城市店铺林立。在 14 世纪，切斯特有 270 家商店。伦敦的齐普赛街有 400 家商店，甚至一些小城镇也建有商店。这些商店通常簇拥在城镇的集市附近，还有一些建在河流交叉口、主干道或人流聚集的重要十字路口附近。用今天的说法，这些地方就是购物中心，虽然它们看起来与后者相差甚远。事实上，这些商店只不过是房子的前厅，有一个低矮的窗台板，打开后即成为招徕外面顾客的柜台。商店橱窗的出现则要晚得多，它们是新的廉价玻璃，以及新型宣传和销售方式演进的结果。大多数商店，尤其是伦敦郊外的商店,空间狭小、行动不便。虽然有的商店专卖某一类商品，但多数商店里的东西五花八门。

在中世纪末期，这些商店里开始出售糖。到 14 世纪末，伦敦的杂货铺里都能买到糖。正是因为糖料种植园在大西洋岛屿，特别是后来在巴西的惊人发展，才使得糖大量出现在英国商店的货架上。

随着奴隶种植的糖产量激增，整个欧洲的糖价下降了，糖成了各地商店里的常见商品。糖在伦敦、布里斯托尔、利物浦等主要港口随处可得，并很快遍布全英国。

随着伦敦与欧洲各大港口和市场建立了贸易联系，并于 16 世纪末拓展至更远的地方，这里已成为各种异国商品的集散地。但是，伦敦的市场规模远不及里斯本和阿姆斯特丹，那里的商船可以将亚洲、非洲和美洲的商品带回欧洲。很多货物是从里斯本和阿姆斯特丹的商人那里转运至英国，特别是英国东南部城市的。糖是早期最具价值的商品之一，随着从种植园的糖进口量日益增加，糖开始出现在英国最偏僻的商店里。

1573 年，伦敦一家杂货店的存货包括“17 箱糖和 5 箱糖果”。[6] 17 世纪初，即便在英国最偏远的小城镇，如 1635 年的麦克莱斯菲尔德和 1649 年的罗奇代尔，也可以买到糖。1683 年，柴郡塔博雷村的五金商店也在出售精制糖和黑砂糖。[7] 半个世纪后，连肯特郡蜡烛制造商理查德·约翰逊的存货清单中都有“一小包便士糖”。[8] 糖随处可见，即使在一些当今意想不到的地方也可以买到。

到了 17 世纪末期，糖在欧洲社交和饮食中无处不在。面向 17 世纪英国富裕阶层的杂货店囤积了他们钟爱的奢侈品，以咖啡为主，茶叶越来越多，但最重要的还是糖。商人们竭尽所能，力保糖可以深入到最偏远的农村腹地。1667 年，伍斯特郡比德雷的一个名叫托马斯·伍顿的杂货商去世时，他的糖（当然还有其他商品）已远销至6个郡。一些偏远地方的店主收到他的货物，但还未结清货款。威斯特摩兰郡柯比·斯蒂芬小镇的商人布雷厄姆·登特从英国北部甚至南方的伦敦购买糖。

这两个地方商人仅仅是全国性贸易联系下的缩影。杂货店主和商人通常住在港口或大城市，将货物远销内陆和后方地区。[9]店主、商人和小贩买卖赊购货物，并通过信得过的朋友和同事寄送包裹。贵格会成员因诚信可靠，在这方面脱颖而出；店主和商人知道他们总会信守承诺，都放心地将货物和贷款托付给他们——他们一定会付钱。因此，自18世纪末伊始，贵格会的一些大企业大获成功。[10]

在18世纪末，即使英国小村庄里也有商店。这些“乡村商店”里卖的正是100年前的奢侈品、如今哪怕是农村的穷人也买得起的甜饮。当时，在大城镇里，生意兴隆的杂货店已经发展成现代商店，有着奢华的内饰、柜台、抽屉、盒罐和昂贵的木制家具，用于存放糖和其他商品。[11]而且，这些昂贵的红木家具极有可能是制糖业的副产品，是由成队的非洲奴隶负责砍伐并拖上商船的。商店的招牌和商业名片上都印有塔糖，以此宣传其糖产品。[12]

到18世纪中期，糖已经无处不在。糖是每个家庭日常必购的商品，是他们日常饮食的重要组成部分。1766年，约克郡的上层阶级可以在一个法国糖果商尼古拉斯·塞金那里买到各种各样的糖果、糖、酱料、蛋糕、糖浆、甜品等奢侈品，以装饰他们高档的餐桌。[13]

对于穷苦大众来说，杂货店会从便宜的粗糖块中切出几盎司，磨成颗粒，再用纸包起来卖给他们。对于有见识的富人来说，糖需要按照不同的岛屿或原产地贴上标签。顾客们显然已学会区分不同的糖，了解优质糖和劣质糖的差别。糖有粉末状、块状、条状、粗糖或液态糖之分，人们以糖的原产地——巴巴多斯、牙买加或里斯本（产自巴西）来加以区分。[14] 18 世纪以后，随着产糖的蓄奴岛屿向欧洲出口越来越多的糖，糖成为人们每周必购的日用品，其次是咖啡和茶叶。当家庭主妇去杂货店购物时，她们很有可能会同时买糖和茶。[15] 如果有人不知道去哪里买糖，那就去最近的药房好了。那里的瓶瓶罐罐乃至箱子前面都贴着“糖”的标签。后来，这些瓶瓶罐罐出现在橱窗里，以吸引路人。整个欧洲皆是如此。在日内瓦，一家本地的药房将糖放在漂亮的瓷罐里，并用法语标上“冰糖”。[16] 药品和处方药里加糖可以使苦药变甜，或者按照当时的医学观念，可以发挥糖自身的物理属性。18 世纪末，糖已经成为各地药店里的一种基本药物——这让人不禁想起糖在古代医学中的作用——但也许更重要的是，糖已成为社会各阶层日常饮食的基本组成部分。在 5 000 英里（8 047 千米）之外的美洲种植园里，非洲奴隶们辛勤劳作生产的糖，如今已成为英国最偏僻地区最普通的商店里货架上的主要商品，它就是人们日常饮食中不可或缺的一部分，又是药剂师开处方时的一剂成分。

当时，不仅各种商店和批发店为穷人和富人提供充足的糖，而且还出现了另一个与西方人嗜糖成瘾相关的、但却往往为人忽视的社会特色。糖成为如此普通的家庭生活用品，以至于到18世纪中期，生产商制造了成千上万的糖罐。在大西洋两岸的餐桌、咖啡桌和茶几上，糖罐已经司空见惯。中国陶瓷行业向西方国家出口了数十万件瓷器，供人们享受甜茶和咖啡（欧洲人直到18世纪20年代才学会制造瓷器）。在此过程中，他们也学会了生产糖罐。欧洲及后来的北美工匠和制造商用各种材料效仿中国人生产糖罐以竭力满足市场需求——供富人们使用的陶瓷（在他们学会制作工艺以后）和银器，供穷人们使用的铅锡合金和粗制陶器。18世纪的豪宅装饰有来自塞弗、梅森、德累斯顿以及后来的伍斯特、德比、韦奇伍德等地制造的昂贵且华丽的瓷器。当然，这些地方都产糖罐。如今，这些最精美的瓷器陈列在全世界的博物馆和宫殿里，愉快地提醒着人们糖是如何在西方世界里确立地位的。[17]

穷人们通常只能用店主提供的纸来包糖，但有时候他们的上级会让仆人分发一些有缺口、裂痕或者损坏的糖罐给他们。最终，即使这些曾经是上层社会地位象征的糖罐，也像二手衣服和鞋子一样，找到了通往底层家庭的道路。

伴随着时尚的茶具和咖啡具，喝甜茶和甜咖啡慢慢变成人们的重要的社交习惯。茶具和咖啡具在温泉小镇（特别是巴斯）和欧洲各大城市周边的酒店尤为常见。人们来此小憩，以逃离或躲开城市炎炎夏日的酷暑与喧嚣。18世纪末，这些小摆设——茶具和咖啡具——在餐具专卖店都可买到。在伦敦，约西亚·威奇伍德的商店也许是最著名的。它所处的地理位置、商品设计及他在英国国内外实施的全新营销技巧，使他店里的商品风靡全球。除茶壶、茶杯、茶托和盘子外，威奇伍德的糖罐为从俄国到葡萄牙、从北美到加勒比海地区各地上流社会的餐桌增光添彩。值得一提的是，针对中等阶层的较为便宜的器具，确保了即使不富裕的家庭也有合适的餐具。无论何种家庭，没有糖罐的餐具都是不完整的。

如今，我们甚至对装满糖的糖罐视而不见。在大多数家庭、咖啡厅和餐馆里，糖罐是毫不起眼的标配物品。随着商店和购物文化的发展，糖罐，无论贵贱，已成为日常生活中的必需品。

同以往一样，人们获得了梦寐以求的精美糖罐，但却对那些非洲奴隶的困境一无所知，正是后者在遥远的热带地区种植甘蔗，推动着糖业的发展。糖奠定了其作为食物甜味剂的重要地位，它使最清淡的菜肴更美味；更为重要的是，它使热饮和苦饮更符合西方人的口味。毕竟，还有什么比饮一杯甜茶使你更像英国人的呢?

第 6 章　咖啡与茶的绝配

现代人的咖啡消费量着实惊人。根据 1991 年的估计，全球人均每年消费 76 杯咖啡。[1]

然而，咖啡不过是在 3 个世纪前才开始流行的。而且，它在很大程度上得益于糖的普及。或许，我们是不是该反过来思考这一问题呢?

糖是作为热饮（咖啡、茶及巧克力）的天然伴侣才大受欢迎的。这些饮品在其原产地都是苦味的，如中国和日本的茶、非洲之角的咖啡、墨西哥的巧克力。早年访问过中国的欧洲游客就曾被告知：若是茶的味道苦，该怎样在茶里加些牛奶或糖。而糖对中国的饮茶者来说，则是可有可无的。[2]

但当茶叶和咖啡成为欧洲和北美数百万人青睐的饮料时，情况则截然不同。以茶为例，从中国进口的茶叶和从加勒比海地区进口的糖的发展趋势是高度吻合的。从 17 世纪末起，茶叶和糖的发展几乎是相生相伴。当不远 1 万英里（1.6 万千米）而来的茶伴上了从

5 000 英里（8 000 千米）之外进口的糖，其结果是形成了人类历史上最非同寻常的社会文化模式。而这些糖是非洲奴隶被迫长途跋涉、抵达大西洋彼岸后，通过辛勤劳作而来的。在这杯不起眼的甜茶背后，则潜藏着一项重要的全球性贸易——货物、商品和人员在全球范围内的流通，以及金融、保险、贸易等必要的商业基础——它将世界各个遥远角落的人民紧密相连在一起。这样做的目的是为了满足欧洲人及其远在海外殖民地定居的后裔对甜味的需求。

17 世纪中期，茶、咖啡和巧克力几乎在同一时间进入英国。经现在的科学家仔细研究发现，它们都是人们对来自遥远国度的外来商品的好奇心的一个缩影。在西方社会探索世界的进程中，动植物、饮食甚至人类自身都深受其影响。早期殖民者试图向世界各地移植作物、迁移人口，以验证这些移植物种在欧洲的新殖民地是否有商业种植的价值。这就是糖、咖啡和巧克力的故事。后来从中国移植到印度的茶也不例外。饮茶肇始于皇室和贵族成员，但人们很快就发现，甜茶在上流社会大有市场，无论科学界特别是医学界对茶持有何种观点：茶是否对健康有利呢？茶是否可作为治疗特定疾病的药物呢？人们对茶的特性莫衷一是。喝茶变成一种社会时尚，茶的地位得到显著提升。

荷兰商人率先从事长途贩运，他们将茶叶贩卖给英国商人。自此，茶叶传入英国。17 世纪 50 年代，茶叶在伦敦开始销售。1660 年，英国作家塞缪尔·佩皮斯第一次喝上茶。在 1667 年，他的妻子甚至将茶用作药材。

但与此同时，佩皮斯也常喝咖啡。那个时候，在伦敦如雨后春笋般涌现的咖啡馆，常常同时出售咖啡和茶。与咖啡不同，茶叶一直非常昂贵，而前者从一开始就较为廉价。1664 年，当东印度公司将一些茶叶进贡给英国国王时，他们知道国王一定会将其视为特别的奢侈品。在整个 17 世纪，茶叶都是奢侈品，因此仅有富裕的精英阶层才能享用。

中国茶具也被出口到英国，成为他们喝茶的必备良器。茶具精致美观，也价格不菲。到 18 世纪，伦敦及一些新兴的温泉小镇涌现出一些“茶馆”，且部分茶馆由女性经营。无论是在这些地方，还是私人府第，茶叶一直都是时尚且昂贵之物。高额的进口关税于事无补，反而是促进了 18 世纪一个新兴行业——茶叶走私——的迅速繁荣。

令现代人好奇的是，在 17 世纪末期，饮茶在荷兰比在英国更为流行。这主要是因为荷兰人与中国有直接的贸易联系和协定，而英国没有。在英国，是咖啡而不是茶，率先成为大众饮品。伦敦的咖啡馆变得越来越多，为男士提供了一个远离嘈杂的酒馆的聚会场所。最终，咖啡馆成为人们开展社交、经济和政治活动的一个重要场所。咖啡馆是一个可供男人抽烟的地方。当时，从弗吉尼亚和马里兰的种植园购进的烟草刚刚成为一种有利可图的流行商品。咖啡馆还是一个开展政治活动的地方，还可以进行商业活动，讨论报纸及印刷品上的国内外新闻。这些成为当时咖啡馆的一个重要特色。人们在咖啡里加入许多勺糖，以去除天然的苦味。

从一开始，喝咖啡就是一种社交行为、一种供男性交际和联谊的方式。相反，喝茶则是一种家庭的、私人的且昂贵的活动。人们或独自饮茶，或约上三五好友和家人，围坐在家里的桌旁，边聊边喝。哲学家约翰·洛克不喜欢咖啡馆，其理由恰恰与别人喜欢咖啡馆的原因完全相反。他不喜欢喋喋不休的社交，反而更享受独自喝杯热茶。他让朋友从荷兰寄来茶叶，用来沏茶招待客人。但最好是独坐一隅，一边读书看报，一边品茶茗香。[3]

1704 年，当重组后的东印度联合公司直接与中国开展贸易时，英国茶业发生了翻天覆地的变化。此后，英中贸易迅速增长。18 世纪前，英国从中国进口的茶叶总量为 15 万磅（约 68 吨），但此后短短 5 年内，茶叶进口量就达到 20 万磅（91 吨）。[4] 茶在不久前还是奢侈品，逐渐变得越来越普遍，并受到科学家、医学专家和时尚评论家大加赞赏。如今的社交活动也围绕着饮茶展开。随着饮茶文化的发展，茶甚至在人们的工作中也占据了一席之地。在英国，各阶层人士都开始爱上喝茶。他们喝的茶越来越多，并撰文赞美茶叶。

一船又一船来自中国的茶叶运到伦敦，而来自中国的瓷器也放在茶叶箱里一道运输。茶叶本身成为完美的包装材料，保护着这些精致的物品在始于亚洲的长途运输中不被损坏。为防止偷盗，卸货后茶叶箱很快被搬到码头的仓库里，有些仓库占地面积大到足以存放 65 万箱茶叶。1767 年，茶叶储量约为 700 万磅（3 175 吨）；到了 19 世纪 20 年代，储量则升至 5 000 万磅（2.23 万吨）。茶业规模如此巨大，以至于数千伦敦工人从事茶叶搬运工作。他们将茶叶从商船搬到仓库，再运到各郡的商铺。[5]

除了质量千差万别外，茶叶种类也极其繁多。从最高端、最时髦且最昂贵的品牌到最粗糙的碎茶，茶叶不仅改变了伦敦码头劳工的面貌，而且完全改变了英国人的生活习惯。

饮茶不再为英国上层阶级所独享，它在最贫穷的普通人中找到新的归宿。到 19 世纪，即使英国贫苦大众，也将茶叶视为生活必需品。研究英国贫困阶层饮食和财政状况的社会调查者困惑地发现，即便境况最悲惨的人也渴望得到两种商品——茶叶和糖。自此至今，关于英国低收入人群的研究一再证实了这一观点。糖，曾经是富人的奢侈品，如今已成为低收入人群的必需品。但这一切是如何发生的呢？

这并非源于生活水平的提高。事实上，人们越穷，对糖的渴望就越坚定。对糖的渴望有两个驱动因素。第一个因素是茶和糖进口量的增加使两者价格下降。走私日益猖獗也起到推波助澜的作用，这种情况一直延续到 1784 年英国政府降低茶叶关税为止。这些在 18 世纪还是上层阶级的奢侈品，一个世纪以后就变成了英国低收入人群在当地商店里用 1 便士就能买到的便宜货。

第二个因素是家庭佣人。当时，家佣是英国最大的职业群体。他们受雇主和朋友的影响，养成了喝热甜茶的习惯。餐桌旁的、楼下的、备餐的、上茶的、负责将糖罐装满的男佣女佣们，以及订购和管理厨房账目的高级家佣，都是第一批可以接触到茶和糖的工人阶级。茶和糖开始取代啤酒作为发给佣人的补贴的传统地位。[6]久而久之，甜茶成为仆人食物补贴的一部分。除了仆人们日常生活所需的食物，家庭账目上还记录了哪些仆人分到了茶与糖。到 18 世纪中期，每天喝两次甜茶已成为佣人的习惯。佣人们有时还背着雇主直接拿走茶和糖，品尝并最终爱上这种味道。为什么阔太太们要把茶叶锁在柜子里呢？为防止佣人偷吃，她们给心心念念之物上了一把锁。英国社会讽刺作品、诗歌、戏剧、绘画都记录了这个世界讽刺的一面。富裕阶层的饮茶仪式——风格、方式以及做作——既为世人羡慕，又为世人嘲笑。

同样，这些习惯也在社会上逐渐流行起来了——仆人模仿他们的雇主——之后其他工作人员也会模仿相似的茶道。在时髦之后，这一过程造成了饮茶文化的普及。经过一个世纪，喝甜茶变成了英国普通大众的生活习惯。甜茶不仅从富人家庭流向穷苦人家，也从城镇流向英国各地的农村。不再局限于城市和特权阶层，喝甜茶已成为英国全民休闲活动。恩格斯在 19 世纪 40 年代写道："只有最穷困潦倒的国度才喝不起茶。"[7]这是显而易见的，即便时至今日，情况仍大抵如此。

的确，喝茶的习惯千差万别，有淡茶也有浓茶，茶叶的品牌也五花八门。但总体情况一目了然：英国人喜欢喝茶——加糖的茶。

他们学会掌握糖的分量，如何充分发挥茶叶的价值，他们将茶叶泡了一遍又一遍，直到所有的颜色和味道全部褪去。喝茶变成了全民爱好。这让人们大为困惑：为什么英国人如此沉迷于这两种产自遥远的世界另一端的商品呢？在一个旅行和运输需要花数月之久的年代，英国乃至欧洲人居然渴望他们祖先从不依赖甚至闻所未闻的糖和茶叶，这难道不奇怪吗？在18和19世纪，有句流行语是“还有什么能比喝一杯甜茶使你更像英国人呢”？

这一切都是因为有英国东印度公司才成为可能。该公司成立于1600年，但它依靠从中国进口茶叶，一跃成为所有欧洲与亚洲开展贸易的公司中最强大的公司。18世纪初，英国东印度公司的茶叶进口量约2万磅（9.07吨），60年后总量则高达500万磅（2 268吨）（英国政府甚至怀疑东印度公司为了避税，还走私了等量的茶叶）。在1785年的顶峰时期，荷兰东印度公司的茶叶进口总量达350万磅（1 588吨）。[8]到18世纪末，约有2 000万磅（9 072吨）茶叶通过合法渠道抵达英国市场。

无论怎么计算，这些数据都非常惊人，但它们还需要与糖的数据联系在一起。用西德尼·明茨（Sidney Mintz）的话说，茶的成功“也是糖的成功”。[9]这个故事不仅与欧洲的消费者有关，还与欧洲各国和其各个海外殖民地及贸易据点之间的复杂联系有关。反对喝茶者没有注意到这一点，即虽然茶叶缺乏传统啤酒的营养价值，但一杯温暖的甜茶却能增强人的幸福感。当然，这需要非洲奴隶辛勤耕作才能得以实现。

为让饮食变甜，欧洲人进口了大量的糖。17 世纪初，巴西是整个美洲唯一的糖出口国。半个世纪以后，巴巴多斯的糖出口量达到 7 000 吨。到 18 世纪初，美洲 10 个殖民地的糖出口量为 6 万吨，其中一半来自加勒比海地区。但很快，这一惊人的数据再次被超越。1750 年，这些蓄奴殖民地的糖出口总量高达 15 万吨。1776 年，南北战争前夕，美洲糖出口总量达 20 万吨，其中 90% 来自加勒比海地区。当然，并不是所有的糖都被加到热饮之中。[10]

很大一部分转化为欧洲人饮食的成分，如甜点、面包、粥和布丁。但糖最大的用途还是应用于茶。甜茶这一最具有英国特色的饮品，是欧洲与遥远的社会和民族之间交互往来的结果。糖和茶改变了遥远的殖民地和英国的面貌，也形成了英国人最具特色的社会习惯之一。

然而，喝茶这一习惯却招致英国许多著名评论家和作家的强烈批评，如乔纳斯·汉威和威廉·科贝特。有些人认为喝茶对健康有害，有些人认为这是对稀缺资源的一种浪费，还有人认为这只是一种无意义的穷奢极欲——穷人则只是在模仿上层阶级的习惯而已。一些敏锐的批评家则注意到茶和糖在增强英国国内及全球贸易和影响力方面发挥的重要作用。通过与亚洲、美洲殖民地之间的贸易，它彰显了英国的强大国力。另外，作为连接一切的关键纽带，它也证明了英国的海上实力。当然，此时英国无可比拟的海上军力巩固了茶与糖贸易的发展。

与大多数西欧国家一样，英国人最初钟情的是咖啡，而不是茶。咖啡原产于东非和阿拉伯半岛，喝咖啡的习惯在很多伊斯兰地区的家庭流传久远。从也门到阿尔及利亚，从伊拉克到伊斯坦布尔，咖啡馆是伊斯兰城市的一大特色，是男性社交、商务谈判和休闲的场所。西欧与土耳其、埃及之间的贸易和旅行活动，将咖啡和咖啡馆带到了欧洲。1629年，威尼斯开设了首家咖啡馆。欧洲各大港口城市也紧随其后。在阿姆斯特丹，不仅咖啡馆越来越多，而且糖精炼厂还可加工从巴西及后来的荷属加勒比殖民地运来的大量的糖。与茶、糖和烟草一样，咖啡也进入了西欧的药房。不管人们宣称的疗效如何，咖啡还是奠定了它的独特定位。如同在伊斯坦布尔一样，咖啡馆是男人们独自或团体聚会解闷的场所。

英国人很快移情于茶。18世纪初，英国人咖啡的消费量是茶的10倍。但20年后却是另一番天地。随着茶叶进口的增加和价格的下降，喝茶的人也越来越多。当然，咖啡仍然保持着其独特的定位，尤其是在大量涌现的咖啡馆里。1662年，伦敦有82家咖啡馆；1740年，大约有550家。此时，咖啡馆已经成为“社交活动的主要场所”。[11]一些咖啡厅满足了最上层社会的口味，另一些则是为下层社会所开设的，还有一些咖啡馆实际上已成为保险、银行等行业的办公场所。但无论如何，它们都提供了聚会和交流的机会，却不像在酒馆里那般，容易酩酊大醉。清咖啡虽苦，但糖总是放在触手可及的地方，以中和其苦味。

正如我们所见，法国人因在咖啡里加入大量的糖而闻名。巴黎的咖啡馆起源于奥斯曼大使馆，他们在社交和外交场合大方地发放咖啡。这与阿姆斯特丹、伦敦和波士顿的商业场所不同。巴黎缺乏与咖啡原产地的直接商业往来，也没有重要的商业团体宣传咖啡，因而这里的咖啡馆在起步期间就举步维艰。巴黎的咖啡馆是上层贵族的社交场所，而且不同寻常的是，它们同时出售酒水和咖啡。它们实际上应被称为小餐馆，而不是咖啡馆。[12] 这种情况一直延续至今。即便如此，甜咖啡迅速遍布于巴黎的各个角落，不仅在皇室宫殿里供应，而且在巴黎街头的流动摊贩那里也能买到。[13]

自 17 世纪中期以来，见证了咖啡厅急剧扩展的 3 大西欧城市——阿姆斯特丹、巴黎和伦敦——都与糖贸易的迅速发展密切相关。整个 18 世纪，法属加勒比殖民地糖产量日益增加，其巅峰时期是 18 世纪中后期的圣多明各。阿姆斯特丹也与美洲的产糖地区建立了直接联系，最初是巴西（1654 年前，荷兰人曾短暂统治巴西）。与此同时，伦敦为英属糖殖民地的蓬勃发展注入了强大的商业和金融活力。其结果是，到 18 世纪，糖已无处不在，使苦味的饮料变甜，成为西方社会的一大特色。

咖啡通过复杂的贸易路线，从原产地运输至欧洲。英国早期的咖啡通过地中海东部的黎凡特进口，大部分产自也门。但到 1720 年，英国通过东印度公司进口咖啡，虽然其中很多再次出口至荷兰。欧洲人迫切希望建立自己的咖啡生产地。事实上，欧洲各主要殖民国家都希望在殖民地和贸易据点进行商业投资。他们都积极地将作物从一个地区移植到另一个地区：糖从地中海来到美洲；烟草从美洲来到欧洲；咖啡从摩卡来到爪哇，再到牙买加的蓝山和圣多明各的高山地带。后来，面包果从南太平洋来到加勒比；茶从中国来到印度。所有这些活动促成了“哥伦布大交换”，人口、动物和植物从原产地被连“根”拔起，并迁移到遥远的地方，以验证是否能够存活，继而兴旺，最后成为有利可图的商业基础。

苦涩的清咖啡就是通过这种方式，找到了它在西方生活中的位置。它首先来到欧洲的主要港口城市和首都，进而遍布各个社会阶层，而后跨过大西洋，沿着相似的路线进入美洲新的城镇和定居地。到17世纪末，波士顿已是一个充满活力的大城市。这里仿照伦敦的原型，开设了自己的咖啡馆，为人们提供休憩场所和寻找商业机会。在这里，人们一边喝咖啡，一边读书看报。很快，纽约、费城、查尔斯顿等地方的咖啡馆也亦步亦趋。这里是人们讨论政治、开展商业谈判的最佳场所，这里还促使了美国人对英国殖民统治愤怒情绪的高涨。18世纪70年代，美国人对英国统治的不满和抵制活动都与咖啡馆密切相关，尽管纽约的一家咖啡馆是英国军队定期会晤的场所。[14] 1773年12月300箱茶叶被倒进波士顿海里这一真实且具有象征意义的事件，1776年美国的建立与对抗英国的斗争，导致美国人有意识地摒弃英国人的饮茶习惯。这是美国反抗英国殖民统治者对茶叶等美国商品征收过高税费的一个缩影。此后，美国人便抵制喝茶，转而喝咖啡。但是，即便是这个新的畅饮咖啡国家，也喜欢在苦涩的清咖啡里加糖。

如今，人们认为美国是一个喝咖啡的国度。虽然与欧洲国家相比，美国人喝咖啡的历史较短，但他们对糖的热爱丝毫不亚于欧洲人。因此，在大西洋两岸，热饮的盛行导致人们对糖的需求剧增，糖成为茶和咖啡的天然伴侣。

但是，北美的咖啡价格一直高企。1783 年，美国人均咖啡消费量很少。[15] 即便美国独立之后，咖啡在一段时期内仍价格高昂，仅能供少数人享用。这主要是因为加勒比海地区的奴隶起义（海地的咖啡生产其实已经停止）。但和平的回归和美国成立之初经济的发展，导致美国的咖啡消费量大幅上升。1830 年，美国的咖啡消费量是茶的 6 倍；至 1860 年，这个数字高达 9 倍之多。[16]

咖啡从世界各地涌入美国。1791 年，咖啡进口量不到 100 万磅（454 吨），而 5 年后，这个数字则高达 6 200 万磅（2.83 万吨）。[17] 1832 年，美国取消了咖啡税，咖啡进口从此激增，1844 年的咖啡进口量高达 1.5 亿镑（6.8 万吨）。此时，普通的美国人无论是在用餐时间还是闲暇时光，都习惯喝咖啡，年人均咖啡消费量达到 6 磅（2.7 千克）。[18]

最初，美国人对咖啡的需求导致价格上涨，但巴西、爪哇和苏门答腊等地咖啡种植面积的迅速扩张，使得咖啡的价格大幅回落。1823 年，美国 1 磅咖啡的价格是 30 美分，但到了 1830 年，价格已降至 8 美分。1832 年咖啡税取消后，咖啡在美国开始盛行，到了 19 世纪 50 年代，美国人均年消费 5 磅（2.3 千克）咖啡。到 19 世纪末，这一数字增长到 8 磅（3.6 千克）。1830 年，美国的咖啡消费量正式超过茶，至此牢牢确立了咖啡之国的地位。[19]

虽然对英国人喝茶习惯的反感起到一定的刺激作用，但美国与加勒比、巴西等咖啡种植地的邻近关系才真正促使美国人移情咖啡。由于南北美洲之间贸易的发展，美国人用木材（以及将非洲奴隶运往巴西）来换取咖啡。大量北欧移民涌入美国，也导致了美国咖啡消费的增加。但与欧洲不同的是，咖啡馆在美国并不流行，美国人喜欢在家中喝咖啡。他们购买生咖啡豆，自已烘焙成可以在家饮用的咖啡。最终结果是：家庭主妇成为咖啡的主要营销和消费群体，咖啡生产商努力在她们中间建立了品牌忠诚度。

随着 19 世纪咖啡工艺的进步，经烘焙过的更优质的咖啡（与早期用于烘焙的生咖啡豆不同）开始出现。质量更好的咖啡烘焙机、研磨机和大量改良过的咖啡壶，使得美国人喝上了更美味的咖啡。1852 年，纽约成立了咖啡交易所，迈入咖啡作为全球大宗商品的新时期。一直到 19 世纪末，咖啡与棉花一样，在交易大厅内交易。美国联邦政府加大了干预力度，以确保市场上咖啡的标准和质量。

咖啡的包装和营销是提高咖啡消费量的主要推手，但直到 20 世纪，生咖啡豆一直占据着市场主导地位。将烘焙和磨碎的咖啡豆用真空包装，开创了咖啡制作和饮用的新时期。这一切导致美国咖啡的消费量大幅提升。1880 年至 1920 年，美国人年均咖啡消费量倍增至 16 磅（7.3 千克）。在整个 19 世纪，美国的咖啡进口量增长了 90 倍。[20]

在 20 世纪的美国，喝咖啡变成一种社交活动，正如 18 世纪的欧洲和从前的阿拉伯国家一样。人们，特别是办公室文员，在上班时间享受茶歇，而咖啡馆则以廉价的咖啡和免费续杯招徕顾客。有些杂货店以低于成本价出售咖啡，以吸引顾客购买其商品。到了 20 世纪中期，咖啡普遍被视为美国人日常生活的必需品。人们在工作日期间不时喝上一杯咖啡，女人被家庭琐事缠身时也能从中寻得片刻歇息。当人们在工作中感觉疲惫时，咖啡似乎可以使人恢复体力和精神。“二战”期间，咖啡是军队配给的重要组成部分。事实上，这场战争确立了咖啡在美国军队中的重要地位。这主要是因为速溶咖啡能够运往各个战区，且仅需添加热水调制即可。[21]

历史总是惊人的相似。美国从南北战争到“二战”期间发生的变化，恰恰是一个世纪以前英国的翻版。咖啡于美国人，如同茶于英国人一样，是日常生活中不可缺少的一部分。在美国所有的重要战争中，咖啡都是士兵日常配给的一部分。这绝非偶然。1832 年，咖啡取代了朗姆酒，成为美军的指定饮品。南北战争期间，南方军队重印的弗罗伦斯·南丁格尔的医学手册，其中就包括一个处方：“咖啡为人类而生，每人需要喝至少 1 品脱（568 毫升）咖啡。”[22] 但在战时，糖和咖啡严重短缺，人们不得不转向各种咖啡的替代品，如植物、豆类、谷物等一切能产出类似咖啡的东西。[23]

在美国，咖啡与糖齐头并进，如同在英国茶与糖的伴侣关系一样。随着咖啡消费的剧增，糖的需求也在暴涨。不过，美国糖需求的爆炸性增长，不能仅仅归咎为美国人对咖啡的迷恋。19 世纪初，主要是因为移民，美国人口急剧增加，形成了大量的从事体力劳动的工人。而他们正是糖的主要消费群体。在南北战争前的 30 年中，美国个人收入上涨，糖价下降，因此糖消费量显著增长。1837 年，美国糖消费量达 1.61 亿磅（7.3 万吨），1854 年增加到 9 亿磅（40.82 万吨）。1831 年，美国人均糖消费量为 13 磅（5.9 千克），而 30 年后则上升到 30 磅（13.6 千克）。[24] 20 世纪初，这个数字再次翻了一倍，至 65 磅（29.5 千克）；1930 年，人均糖消费量则达到 110 磅（49.9 千克）的顶峰。[25] 随着美国糖进口和消费量的增加，一些人开始寻思：现在不正是美国开始种植糖料的时机吗？或者是攫取糖料种植殖民地的时机吗？

到美国独立战争时期，咖啡已经在西方世界无处不在。尽管在英国，茶取代了咖啡，成为大众饮品，但后者仍然在咖啡馆里占据着显要的地位，是男性宴请、洽谈商务和聚会聊天的重要媒介。在社会的上层阶级中，在一个又一个皇家宫廷中，喝咖啡的仪式非常讲究，有时还配备着欧洲最杰出的工匠制作的陶瓷器皿。不仅如此，工薪阶层也在上班途中喝点咖啡，以保持体力。无论是在何地——

充斥着讨论各种商业保险和海外贸易的喧嚣声中的伦敦咖啡馆、时尚的巴黎餐馆、凡尔赛宫，以及弥漫着激烈政治争辩之声的波士顿咖啡馆——人们总是用糖来中和清咖啡的苦涩。在英国，茶征服了各阶层人士。安排、准备并沏茶，这些工作都由家庭主妇来完成。在上流人士的家中，在穷人们茶歇或开始及结束一天工作的时候，茶是英国人家庭生活的一部分。与茶相比，咖啡则更适合于公共场合，更有阳刚之气，也更适于男性社交和商业活动。但无论是喝茶还是喝咖啡，无论是在宫殿、陋室还是在咖啡馆，糖罐都如影随形。热饮总是要加糖。很多的西方食物也不例外。糖已成为饮食中不可或缺的部分。

第 7 章　迎合口感

现在，几乎所有食谱都将糖列为烹饪的必备食材。糖是所有专业厨师所需的基本配料。早在西方国家钟情于糖之前，许多古老社会早已开始精心使用蔗糖。在糖输入欧洲以后，人们将糖果和惟妙惟肖的糖塑雕像用于炫富，但这一切仅限于有钱人和有影响力的上层阶级。中下阶层人士只能通过相对便宜的传统食材，主要是通过蜂蜜来获取甜味剂。17 世纪初，随着美洲糖生产范围的扩大，糖从上层阶级流向社会各阶层。糖的发展与其他外来商品一样，它们都曾是欧洲精英人士和有钱人的特权。当时的有钱人虽极其阔绰，但却无相应的社会地位。例如，在贸易中发财的商人，其社会地位并不高。17 世纪期间，糖开始在平民百姓中间流行，无论是在城市，抑或是在农村，人们都喜欢在食物和饮料中加糖。

糖很快出现在欧洲各地人们的餐桌上。法国人在烹饪中使用糖，这不仅是由于 17 世纪法国医生推崇的缘故，也因为它可以提升食物的味道。例如，在法国，燕麦中加糖后再食用使得燕麦成为时尚商品，而此前燕麦被视为平民的食物。在西欧，糖成为劳动人民日常饮食的重要组成部分。法国农民和波兰格但斯克的工人喜欢喝甜咖啡，而法国加来水手的妻子则喜欢喝甜茶。波兰的工人喜欢在食物中加糖，这种习惯很快在北美流行起来。1662 年，号称“被遗忘的美国奠基之父”的约翰·温思罗普（John Winthrop）发现，玉米加糖后更加美味。

在很多国家，天主教在引导穷人吃甜食方面起到重要的推动作用。在墨西哥、印度果阿、菲律宾和莫桑比克，修女制作宗教主题的甜食并出售给教徒，这跟古老的伊斯兰传统并无二致。[1] 然而，真正将糖引入西方烹饪的是法国人。他们发明了甜点，并不断加以完善，虽然他们其实只是沿袭着穆斯林传统的厨艺路线。我们有时将最后一道菜称为“甜点”，这个事实本身就说明很多问题。在 17 世纪，当时一场盛宴的最后一道菜就是含糖的食物。在此之前，很多菜都含糖，因此在甜味和咸味的菜肴之间并没有严格的区分。当 17 世纪人们在甜品中大量使用糖时，这一切都改变了。

没有人能真正解释为何出现这种区分，为何甜品会成为法国菜的独特甚至极致的特征。但此后，甜味和咸味菜肴便开始分道扬镳，并成为西方各地菜系的一个重要特色。这一变化出现的时机并非偶然，当时正值法属加勒比殖民地的糖料种植园的蓬勃发展，因而糖变得更加普遍。到了 18 世纪，法国的富人们用糖开启他们美好的一天，他们的早餐包括加糖巧克力、面包或奶油蛋卷。[2]

精致的法式正餐分为三个部分，其中最后一道菜是甜点——通常为冷盘，不仅甜蜜可口，而且在上层社会中还得装饰华丽。18世纪，法国文化成为西方文化的主流，因而法餐在欧洲也有着深远的影响。更有甚者，在俄国宫廷，人们都会说法语，这主要得益于彼得大帝和凯瑟琳二世对法国文化的推崇。无论法式甜点在何处落地生根，人们都会使用大量的糖——冰激凌、水果布丁、果冻、冰点甜品、圣代、蛋糕、馅饼、奶油葡萄酒——这类食物的主要原料都是糖。与法国菜相似，英国菜也是最后上甜点，但它相对来说要更加简单一些。根据1741年出版的《钱伯斯百科全书》,甜点包括“水果、糕点、糖果等”。[3]

这种精致的烹饪文化一直以来都是法国人的拿手好戏，而且是根植于特权阶层世界之中的。有关这一点，我们可以在当时的食谱中看到。如今的书架上塞满了各式各样的食谱，甚至还有专卖食谱的书店。这种流行文化起源于17世纪中期。1651年至1778年，仅法国就出版了大约230种烹饪书籍，其他西方国家也很快追随法国这一潮流。在欧洲，食谱属于新兴事物，但这种出版和文化传统至少可以追溯到伊斯兰教早期。在近代欧洲初期，以及稍晚些时候的美国，食谱的目的是为了吸引读者。其主要目标群体是知识女性，她们负责管理厨房和家里的佣人，但是有时候她们也需要一些指导。这些书还反映了一个更为根本的变化，即社会精英分子的习惯正在被新的社会群体所效仿。这一时期的欧洲，许多人从海外贸易和商业中攫取了大量的财富，有时甚至超过了皇室和贵族。他们向往上层阶级的享乐和奢侈的生活。如同服装、房子、马车和一般社会礼仪，食物也是他们效仿上层阶级生活的好方法。

在法国和英国，最渴望获得社会地位的一群人是那些在印度发了大财的富翁和美洲的糖料种植园主。豪华的府第、奢侈的聚会，铺张扬厉直至贵族侧目，这些都成为糖巨头们的标签式特征。“大庄园主阶级”这个词本身就是由“种植园主”和“贵族”两个词拼接而成的。他们拥有财富，而且渴望得到相应的社会地位。糖巨头们靠糖发家，好似为了证明这一点，他们在自家的餐桌上摆满了甜点。

当然，这一切仅属于富裕阶层。但随着糖变得更便宜且更普及，它很快成为全社会饮食的重要组成部分。中产阶级致力于模仿上层社会吃甜食的习惯。到18世纪初，布丁已成为小康家庭最喜欢的甜点，它们的口味、形状和大小各异，但无一例外都要加糖。事实上，“布丁”这个词就像“糖果”一样，已成为英国人甜点的代名词。

18世纪末，英国人与布丁的亲密关系已成为广为人知的文化地标。譬如，当时的漫画家就普遍使用这个意象。越来越多的食谱为这个国家的女性提供了厨房管理和烹饪的指南，所有这类书籍都无一例外地选择了糖。[4] 英国渐渐形成了自己的烹饪和招待宾客的规则习俗，由于这些规则脱胎于法国的烹饪文化，它们也像后者一样正式。

但是，到18世纪中期，法国食谱所关注的社会群体发生了变化。1746 年,《中产阶级的厨艺》一书引领了新的烹饪潮流。正如书名所示，该书的目标群体是相对较低的社会阶层，而不是传统食谱所针对的皇室或贵族——这类书籍面临的一个主要问题是：它假定人们总是有足够的食物和金钱，以享用精致的菜肴。然而，在 18 世纪的紧要关头，法国遭遇了严重的食品短缺，大规模的饥荒。[5] 1789 年，著名的法国大革命到来了。

尽管食物短缺问题频仍，在法国大革命之前的两个世纪中，糖已经巩固了它在法国菜中的地位。那么，糖对中下阶层有着什么样的影响呢？精致的甜点，甚至是甜布丁，对于此时法国城市和农村里那些卑微的劳动者有何用处呢？毕竟，他们主要的生活目的只不过是挣得刚刚果腹的食物而已。家庭佣人也许能在工作场所、厨房和餐厅接触到甜食，但其他劳动者呢？

平民的食物绝对算不上好。极低的收入使得他们几乎没有多余的钱来购买奢侈品，即使在生活水平略有提高的某些年份也是如此。然而，糖显然是一种奢侈品。几个世纪以来，即使没有糖，人们也照样生活着。而这些从加勒比海地区远道而来的商品也有着重要的价值，它们就是奢侈品的代名词。英法两国的批评家一致认为，这些资源寥寥无几的穷人，居然渴望吃糖，真是荒唐可笑。在英国，抨击的矛头主要对准茶叶中的糖。评论家们屡次三番地反对喝甜茶，他们认为人们最好把钱花在面包等基本生活用品上。尽管批评不断，还是有越来越多的穷人渴望这些众人眼里的奢侈品，尤其是加了糖的茶和咖啡。

整个 18 世纪，英法两国的批评家都在谴责平常百姓对奢侈品的渴望，对糖的批评声如歌曲的副歌一般不绝于耳。然而，一些敏锐的作家却意识到糖已经成为人们生活的必需品之一，它改善了人们的生活，为日常工作增添动力，也为悲惨的生活带来了某种慰藉。不管怎样，穷人们吃的糖如他们喝的茶一样，总是最低劣最便宜的。他们吃的绝不是上层阶级消费的高端糖，而是从最差的糖块上刮下来的一点碎糖，然后将其加到最廉价的燕麦之中。[6]

随着加勒比海地区种植园的糖与其他热带产品的产量大幅增加，糖的价格在 1630 年至 1680 年暴跌了一半。英国的糖进口量翻了 1 番，不久后又再增加了 1 倍。1740 年之前的 40 年间，糖消费量翻了 1 番，至 1775 年又增加了 1 倍。在一个多世纪的时间里，英格兰和威尔士的糖消费量增加了 60 倍，但同期英国人口增长几乎不到 1 倍。18 世纪初，英国人均糖消费量为每年 4 磅（1.8 千克），1729 年增至 8 磅（3.6 千克），1789 年为 12 磅（5.4 千克），1809 年为 18 磅（8.2 千克）。至此，糖已得到广泛使用，而不再局限于茶。糖被添加到小麦、燕麦、大米等许多基本食物中，使其变得更加美味。穷人通过加糖使平淡无味的食物变得更加可口，这与古代医生在难以入口的苦药中加糖的习惯如出一辙。糖的副产品——糖浆和朗姆酒——也成为穷人日常饮食的一部分。长期摄入糖不利于身体健康，给人们身体的健康埋下了隐患，但当时没有人意识到这一点。

穷人的饮食得以改善。在面包上涂一点糖浆，索然无味的食物就变成了一道尚可入口的菜肴。糖和糖浆给这些一贯以来单调的食物增添了一丝怡人的味道：早餐时，在茶、咖啡、面包或粥中加糖；午餐时，炸土豆时加糖；晚餐与此相似，同时还有面包或燕麦片，以及含糖的茶或咖啡。对于那些长时间从事艰苦工作的人来说，饮食中添加的糖让他们恢复活力，并提供必要的能量。即便如此，从18世纪中期至今，这种贫乏的极其简单的饮食一直是劳动人民的永恒特征，它总是让好奇的局外人和社会研究者感到震惊。在19世纪，穷人那食物种类数量少得可怜的食物清单中加入了含糖果酱。

在这些普遍现象背后，隐藏着一个由来已久但却发人深省的事实。在英国工薪家庭内部，食物并不是均匀分配的。最好的食物——如果有的话——要留给养家糊口的人（这个词本身也是发人深省的）。养家糊口之人通常是家里的男人，尽管在19世纪随着现代纺织工业的兴起，女产业工人也日渐增加。养家糊口者需要足够的体力去完成繁重的劳动任务，并带回每周的薪水。正因为如此，男人们吃掉了家里大多数的糖，留给妇女和儿童的只能是一些残羹冷炙，一些便宜的或吃剩下的东西。然而，在作为对英国工业革命产生过巨大的作用的纺织行业，妇女和儿童也要从事费时费力的工作。尤其在19世纪，一项又一项的调查都揭示了糖的重要性："工厂女工靠面包、糖、脂肪以及少量的肉维持生命。"[7] 果酱主要是用糖制作而成，后来则用糖浆代替（糖浆储存于炼糖厂的大桶中，并被直接装入工薪族带来的罐子里）。这些果酱涂在面包上，成为英国平民饮食中最主要的糖成分。因此，糖是日益增长的城市产业人口所需的一种重要的营养和能量来源，是他们简单的饮食中的重要成分，也是他们热饮的必备配料。

糖还改变了人们保存食物的方式。在此之前，人们用蜂蜜和各种糖浆来保存水果。最初，药剂师通过蒸煮水果和其他配料制成医用防腐剂（后来这种方法被糖果制造商采用）。19 世纪初，随着新的瓶装和罐装工艺的发明，防腐剂的生产工艺发生了彻底的改变。但无论是在家，还是在新兴的瓶装和罐装工厂，糖都是必不可少的加工原料。随着现代食品工业的发展，许许多多的食品中都加入了大量的糖。这一过程的实现，不仅是由于食品加工和瓶装科技的横空出世，而且还在于有大量价格低廉的糖以满足工业应用。糖无处不在，伪装成各种形式，成为人们日常生活中不可或缺之物。糖像香烟一样，使人精力充沛，并予人安慰——它是社会各阶层特别是劳苦大众的精神慰藉。[8]

糖已融入人们的生活和工作之中，并且成了他们日常工作本身的一部分。面包上涂上甜果酱（或只是撒上一撮精制糖），被人们带到工作场所，供午餐或茶歇时食用。人们的生活日益受制于机器以及机械化操作所形成的工业纪律。在单调艰苦的工作期间，他们仅能获得片刻休息。也就是在这短暂的逃离机器控制的时间里，他们品尝着甜茶或甜咖啡，享用着从家里带来的甜食。休息时的甜饮和甜食让工厂里繁重的工作变得更易忍受，并为接下来的工作提供了必要的能量。不久前，糖还是上层阶级的奢侈品，如今却已变成劳动人民的生活必需品。

尽管如此，许多批评人士仍然认为，为满足人们，特别是穷人们的食欲而长途运输食品和饮料，是不合常理的。不过，糖（以及糖浆和朗姆酒）仍然在劳动大众中占据了重要地位。在英国殖民时期的北美，移民们在物资并不富足时，曾高度依赖进口食品。在美国本土经济发展成熟、土地和人口带来丰富的产出之前（后世总是将这片广袤的北美大陆与丰富的物产联系起来），北美的殖民地需要进口多种产品。当时，美国的某些资源还是相当丰富的。譬如，他们有充足的烹饪和加热的燃料、用于研磨的水资源以及用于耕种和放牧的土地资源。

尽管如此，美国仍然需要进口大量食物。他们消耗掉了大量来自加勒比及美国南部地区奴隶种植的农产品。在很大程度上，这是英国人有意为之的，他们通过此举将美国与更广大的英国殖民体系联结在一起。加勒比海地区的被殖民的岛屿需要美国的商品来维持糖料种植园的运作。反之，他们将糖、糖浆和朗姆酒运到美国。18世纪末，在加勒比海地区出口至北美的商品中，75% 是糖、朗姆酒和糖浆。因此，朗姆酒是最受北美劳动人民欢迎的饮料，就像啤酒在英国的地位一样。1770 年，约 750 万加仑（约 3 410 万升）的朗姆酒出口至美国。在那里，无论男女，无论自由与否，人们几乎每天都喝朗姆酒，它可以为成年人提供每天所必需卡路里的四分之一。我们还知道，在美国独立战争前夕，大约有三分之二的成年人每天喝两次茶。[9]他们像英国人一样,在茶中加入加勒比海地区生产的糖。

在这些美国饮食习惯的背后，隐藏着一个重要的问题：对进口食品的征税。这在北美殖民地引起了巨大的争议，并导致其与英国的政治对抗。英国政府通过对北美殖民地进口的商品征收关税而从中获利。英国议会通过了一系列的法案，威胁对其进口产品增加关税，如 1733 年的《糖浆法》、1760 年的《糖税法》和 1773 年的《茶税法》，这引起了北美殖民地的强烈不满，从而推动其走向独立。

每一部法律都与北美殖民地人对甜味饮食的热爱直接相关，当然，也与奴隶劳工息息相关。英国政府将这些商品视为一种收入来源，但北美殖民地的人认为英国对这些事务没有发言权或影响力，不该横加干涉。糖既导致了他们对甜味的热爱，也激起了他们对英国统治的反感。

糖浆成为美国的重要商品。无论对东北部马萨诸塞州的渔民，还是老南方的奴隶来说，来自加勒比殖民地的糖浆都是美国饮食的主要组成部分。美国穷人尤其依赖糖浆和面包作为主食。奴隶们喜欢在玉米粉和猪肉中掺入糖浆。此外，糖浆还被广泛用于制作酒精饮料。杂货商将糖浆装在商店的大桶内出售。这种黏糊糊的东西十分流行，是诸如姜饼、波士顿黑面包、波士顿焗豆等众多廉价食品的组成部分。[10]

1776 年，北美殖民地脱离了英国的统治，美国开始依赖从加勒比海地区的奴隶殖民地进口的糖。欧洲人亦是如此。在大西洋两岸，糖及其副产品已经渗透到数百万人的日常饮食之中。糖以朗姆酒的形式，给人们带来了精神慰藉，但同时也给北美原住民带来灾难性的后果。

第 8 章　朗姆酒成名

糖对当今世界的影响远远超出了甜味本身。从甘蔗中提炼精制糖涉及一系列工业程序：甘蔗首先在糖料种植园或就近的工厂里经过简单加工，然后运往欧洲和北美的糖厂进一步精炼。制糖业将两个遥远的地区——热带的种植园和北方温带国家的工业区——联系起来，多个世纪以来，这一直是制糖业的基本特征。这种跨越千里且费时的国际生产体系的产物就是晶体状的糖，也就是人们加到食物和饮料中的精制糖；但同时其也产生了许多重要的供现代社会消费的副产品。

甘蔗被运到工厂里，经粉碎、煮沸、蒸发和过滤后获得的糖装入罐子或桶里。大型种植园拥有自己的加工厂，即使在成立初期，它们就在农村的糖料种植园腹地建立了厂房。在欧美典型的现代工厂出现之前，加勒比海地区的糖厂已经星罗棋布，一股股蒸汽和烟雾喷向热带的天空，宣告着糖作物正在蓬勃生长。小型糖料种植者将甘蔗运到就近种植园的工厂进行加工。很久之后，大型的“中央工厂”逐渐应运而生。

甘蔗变成糖的过程产生了一系列的副产品和废料：粉碎的甘蔗（“甘蔗渣”，后来被用作燃料）、液态杂质残渣以及糖浆。糖浆经再次蒸馏和加工，可以制成朗姆酒。虽然伊斯兰国家的糖产业一直以来都擅长生产朗姆酒，但由于伊斯兰教义禁酒，因此它只能用于药物和香水。相反，有着制作烈性酒传统的欧洲人并没有饮酒的文化限制。16 世纪中期，巴西的劣质朗姆酒诞生。种植园主发现这种酒深受非洲奴隶的喜爱。因此，在 1648 年，一位批评家称之为“一种只适合奴隶和驴喝的饮料”。

这种向奴隶劳工提供劣质朗姆酒的做法贯穿于美洲国家的奴隶史，但当朗姆酒开始证明其商业价值时，人们对它的态度却发生了变化。事实上，制糖业也促成了多种酒精饮料的出现。1596 年，一个英国人在波多黎各看到了一种由糖浆和香料制成的饮料。与此同时，据报道，很多奴隶殖民地都有其他种类由糖发酵而成的酒。在朗姆酒成为有利可图的出口商品之前，种植园主很乐意让奴隶利用制糖时剩下的残渣制作他们自己的酒精饮料。

至 17 世纪中期，朗姆酒已成为一种臻于成熟的独立出口商品。朗姆酒商业化生产的确切起源至今仍无从得知，但它很有可能始于巴巴多斯岛和马提尼克岛。被巴西驱逐出境的荷兰殖民者逃亡至此，或许是他们帮助建立了两地的朗姆酒蒸馏厂。17 世纪 40 年代，马提尼克岛开始生产朗姆酒；10 年后，巴巴多斯的朗姆酒业也日渐成熟。巴巴多斯本地生产的朗姆酒是“一种烈性的、地狱般的、可怕的酒”，它们被冠以各种绰号，其中要数“魔鬼杀手”最令人印象深刻。[1] 虽然部分朗姆酒出口至北美和英国,但大部分销往本地市场（到 17 世纪 70 年代，布里奇敦约有 100 家小酒馆）。17 世纪 60 年代，朗姆潘趣酒深受种植园主们的欢迎，如今已成为款待造访加勒比海地区游客的主要酒水。1 个世纪后，朗姆潘趣酒（一种果汁鸡尾酒）风靡于欧美国家，于是“潘趣碗”也开始出现在一些小酒馆和高档餐桌上。[2]

至此，朗姆酒在加勒比海地区大受欢迎，但岛上居民的酗酒程度及糟糕的健康状况常常让游客们大为震惊。大量饮用朗姆酒后，人们常常出现腹部绞痛的病状，这在巴巴多斯十分普遍。然而，这一状况事实上是由铅中毒引起的，而不是由朗姆酒本身导致的。但直到 1745 年，人们才发现这个问题的罪魁祸首是当地朗姆酒酿酒厂的铅管道。[3] 此时，出口至英国的朗姆酒贸易蓬勃发展，而面向美国新英格兰地区，特别是罗德岛的出口商业价值更大。生产朗姆酒的酿酒厂遍布于大西洋两岸的各大港口。在布里斯托尔，本地铜业专门生产加勒比海地区酿酒厂所需的各种设备。[4]

17 世纪，随着糖料种植业在整个加勒比海地区的发展，朗姆酒最终成为风靡欧美地区的饮料。如今，朗姆酒自身已成为一种利润丰厚的热带产品，它像糖一样为英国政府带来相当可观的进口关税。朗姆酒还改变了加勒比岛屿的地理面貌。种植园吞噬了自然景观，将其转化为有序的农田。不仅如此，制糖厂以及生产糖和朗姆酒的蒸馏厂见证了农村地区的工业发展。最初，加勒比海地区点缀着数百个风车，后来则被制糖厂和酿酒厂冒着浓烟和热气的烟囱所取代。

至18世纪，巴巴多斯的朗姆酒酿酒厂已初具现代雏形，包括定制的铜蒸馏器（因此得名“铜罐”）、大金属缸以及用于容纳和加工朗姆酒的管道。起初，朗姆酒酿酒厂的规模较小，但随着产量的增加，以及本地市场特别是北美市场对朗姆酒的认可和需求的增长，朗姆酒和其他外国商品一样，从药店走向了酒馆。在加勒比海地区，主人和仆人、种植园主和奴隶消费了大量的朗姆酒。在马提尼克岛，仆人和奴隶年均饮用约3.5加仑（16升）的朗姆酒。驻加勒比海地区的军人亦是如此，他们饮用朗姆酒不仅是为了享乐，也是为了遵照当时流行的医学建议。酒精是保持体温，以抵御当地热带疾病的重要药物。人们普遍认为，朗姆酒对驻扎在加勒比海地区的白人部队尤为重要，夜间站岗的哨兵也应饮用。英国驻北美军人平均每月饮用朗姆酒3.5加仑（16升），是生产朗姆酒的奴隶的12倍。[5]加勒比海地区朗姆酒的发展主要靠出口，特别是出口至北美国家，但加勒比海地区各岛之间的朗姆酒贸易也很繁荣。

17世纪末，加勒比海地区的朗姆酒出口迅速增长。1664年至1665年，巴巴多斯朗姆酒出口量约为10.3万加仑（46.8万升）；30年后，出口增加到50多万加仑（200万升）。[6]至18世纪，朗姆酒成为加勒比海地区种植园主的重要收入来源。或许最重要的是，朗姆酒为大西洋两岸的酒馆和卖格洛格酒（用朗姆酒兑水而成）的小店里的无数客人带来了舒适和愉悦。从种植园到码头，再到大西洋的各大港口和更广阔的腹地，饮用朗姆酒的习惯日渐普遍。朗姆酒成为从事全球海上贸易的船员们在远距离航行期间的重要支柱。水手们需要依靠酒精来克服数周乃至数月海上航行的艰辛。

1731 年后，朗姆酒成为英国皇家海军的日常口粮，并为他们带来愉悦。事实上，对于商业和海军舰队的水手们来说，朗姆酒的重要性不可估量。直至 1970 年，英国皇家海军才取消了朗姆酒配给。在库克船长（英国探险家和航海家）18 世纪 60 年代和 70 年代具有开创意义的澳大利亚和新西兰之旅期间，每天中午和下午 6 点给船员分发 1 品脱的朗姆酒（男孩减半），以缓解他们的艰辛。[7]

北美是朗姆酒最重要的市场。在那里，它很快从码头边的小酒馆传播至边陲小镇。“自耕农、渔民、切萨皮克种植园主、非洲奴隶、美洲原住民和边境毛皮商”均饮用朗姆酒。[8] 到 18 世纪，巴巴多斯朗姆酒年均出口量约 60 万加仑（272.8 万升）。其中，只有一小部分出口到英格兰和威尔士，大部分则出口至美国，与西属美洲殖民地的贸易也很活跃。虽然这些英属美洲殖民岛屿种植了多种出口农作物，但在它们与北美的贸易中超过 90% 是糖、朗姆酒和糖浆。[9] 加勒比朗姆酒的另一个活跃市场是爱尔兰，爱尔兰日渐成为钟爱朗姆酒的国度。[10]

在北美，朗姆酒不仅是一种令人心情愉悦的大众饮料，也是一种交易方式——一种货币形式。北美大部分的朗姆酒是由新英格兰地区的商人进口的，但他们缺少真正的货币，于是采取以货易货的方式，将美国的货物——食品、鱼、木材和沥青——运往加勒比海地区以换取朗姆酒。通过这种方式，美国经济为加勒比海地区的奴隶们带来了衣服、住房和食物。

美国人对甜食和甜饮的喜爱始于英国殖民统治时期，在美国发展成为世界上最强大的经济体和国家之后，这种偏好为后来的情况奠定了基础。自欧洲殖民美洲伊始，美国及加勒比海地区就一直保持着密切的经济和人员联系，其中，巴巴多斯和北卡罗来纳和南卡罗来纳之间的联系尤为紧密。人们经常在各地区之间迁徙。随着加勒比海地区种植园经济的发展，这些岛屿上的种植园主自然将眼光投向北美的市场和多种必要物资——用于建造房屋及屋顶的木材，以及非洲奴隶所需的食品（尤其是鳕鱼）。作为回报，同时也是一种支付手段，北美殖民地得到了加勒比海地区的农产品。这当中，他们特别喜欢加勒比海地区糖业的副产品——朗姆酒和糖浆。

北美也需要糖，尽管在弗吉尼亚等地有人曾尝试甘蔗种植，但直到 19 世纪初美国人在路易斯安那定居并收购它之后，本地的制糖业才真正开始腾飞。在此之前，美国人一直从加勒比海地区进口糖，尽管其价格不菲。与欧洲一样，运往北美的加勒比粗制糖在美国东海岸的各大港口进一步提炼。早在 1689 年，纽约出现了第一家制糖厂；一个世纪后，虽然大部分糖都是在费城糖厂加工的，但此时美国已有 7 个城市建立了制糖厂。与英格兰一样，最终的成品，即精制糖有时候甚至会在现代人看来都非同寻常的一些地方销售。费城的艾文·摩根商店在出售紧身内衣和儿童外套的同时，还在卖“上好的巧克力、葡萄酒、朗姆酒、糖浆和糖……”[11]

在处于英国殖民时期的北美，糖的社会地位变化与其在欧洲的经历一模一样。起初，糖点缀着美国上层阶级的餐桌。在美国大城市或一些极其精致的乡村寓所，如种植园里，人们与欧洲上层阶级一样，为炫耀自己的社会地位，在家中摆上精致的咖啡杯和茶具——当然，旁边都配有糖罐。托马斯·杰斐逊就曾尝试制作冰激凌，而这需要大量的糖。由于推荐糖作为食材的烹饪书籍开始进入美国富裕阶层的厨房，糖成为殖民时期美国的基本烹饪原料。但总的来说，糖在北美仍然是一种奢侈品，这种状况的结束比欧洲要晚得多。另一方面，美国的穷人用蜂蜜、槭糖浆或糖浆作为食物的甜味剂，糖高昂的成本导致其消费量持续走低。在美国建国初期，美国人年均仅消费 8 磅（3.6 千克）糖。但 1 个世纪后，19 世纪 90 年代的消耗量增至 80 磅（36 千克）。[12]

在北美殖民时期，人们似乎最喜爱加勒比海地区出产的朗姆酒。这种风气源自水手，他们在加勒比海地区或航海途中养成了喝朗姆酒的习惯。另一方面，荷兰人长期以来在朗姆酒贸易方面的商业地位也对北美朗姆酒的流行起到了积极的推动作用。但英国政府出台了旨在控制海上贸易的《航海条例》，最终将荷兰人驱逐出北美地区。至1776年，该条例成为美国逐渐疏远并反感英国殖民统治的另一主因。英国的这些限制导致走私贸易日益猖獗，通过荷兰的商人，朗姆酒得以继续流入美国。

新英格兰人还通过走私廉价的法国糖浆以生产朗姆酒，这令加勒比海地区的英国种植园主和志在保持英国对法国的绝对经济优势的官员们十分不满。尽管他们对法国的进口糖浆强征关税，但这并不能阻止新英格兰人获得酿造朗姆酒的原材料。1763年签署的《巴黎条约》导致法国元气大伤。法国被迫放弃了殖民地加拿大，而且从此以后，法属加勒比殖民地只可出口糖浆和朗姆酒。新英格兰商人充分利用这一条约，将更多的商品运回北美的殖民地。这一切促使英国政府加强海关检查，并出台相关法案严格监管北美与加勒比海地区的贸易，定期调整糖和糖浆的关税以维护英国的利益，但这加剧了北美殖民地乃至加勒比海地区种植园主对英国的不满情绪。

加勒比海地区出产的糖浆是北美甜味剂的主要来源，同时也用于酿制本地的啤酒，但主要用途还是酿制北美当地产的朗姆酒。18世纪中期，马萨诸塞的酿酒厂生产了270万加仑（1 022升）的朗姆酒。这些朗姆酒销往英属北美各地的酒馆（1737年，仅波士顿就有177家酒馆）、其他英属殖民据点乃至遥远的边境。在那里，朗姆酒维持和鼓舞了军队的士气，并促进了与印第安人之间的贸易。在北美殖民地，朗姆酒无处不在。在美洲的各个殖民地（包括后来的加拿大），朗姆酒是一种珍贵的商品，可用于交换大部分的其他商品。

这一切说明 18 世纪中期复杂的糖业经济在大西洋两岸的渗透程度。大西洋两岸的人们不仅依赖糖作为饮料和食物的甜味剂，同样也依赖糖的衍生品。在北美，加勒比海地区出产的朗姆酒成为人们的主要饮品，特别是对于劳苦大众而言。它是帮助人们应对艰苦的美洲殖民生活的理想饮料。加勒比海地区出产的朗姆酒也推动了与印第安人的毛皮生意。尽管一再遏制，朗姆酒还是对印第安人造成了可怕的恶劣影响，而威士忌的出现则进一步加剧了危害。虽然北美殖民者也生产葡萄酒、啤酒等自产的酒精饮料，但与从加勒比海地区进口的朗姆酒相比，市场份额甚微。

巴巴多斯统治了早期的朗姆酒贸易。至 17 世纪末，这个小岛每年的朗姆酒出口量多达 60 万加仑（272.8 万升），其中大部分出口至新英格兰地区和以奴隶烟草种植为主的切萨皮克地区。据估计，巴巴多斯出口至切萨皮克的朗姆酒就高达 25 万加仑（113.7 万升）至 30 万加仑（136.4 万升）。法属北美殖民地的情况也大同小异。法国通过立法，规定殖民地居民仅能进口和消费法属加勒比群岛的商品。朗姆酒也是法国与美洲印第安人毛皮贸易的重要内容。法国殖民者同英国殖民者一样，面临着两难的处境——用朗姆酒换取毛皮带来的经济利益，以及朗姆酒给印第安人和非洲奴隶带来的巨大伤害。殖民地官员和少数当地神职人员一起，坚称酗酒给美洲殖民地带来了破坏性影响。尽管欧洲殖民者也深受酗酒之害，但似乎美洲印第安人尤甚——问题的根源在于来自加勒比海地区岛屿的朗姆酒和糖浆。[13] 大约在这个时期出现了“狂饮者”这一新词，该词源于塞内卡族印第安人，指的是一阵狂饮。[14]

无论欧洲人在何地定居或从事贸易，其酗酒的程度都引起了当地官员的抱怨。他们试图控制和斥责酗酒，并限制朗姆酒的进口和销售。但是，一个残酷的现实是新英格兰的经济需要朗姆酒，它是本地出口商品的重要交换方式。限制朗姆酒进口，就无法出口本土的商品，而出口对北方各殖民地的经济发展极其重要。因此，波士顿商人迫切想要维持与加勒比海地区的贸易往来。另外，新英格兰地区的朗姆酒酿酒厂日益增多，从而进一步奠定了产自加勒比海地区的糖浆的重要地位。尽管怨声载道，朗姆酒和糖浆这两种由奴隶种植的糖的副产品已成为法国和英国的北美殖民地经济中不可分割的部分。它们还是殖民者、奴隶和美洲印第安人社会生活的主要特征。只要这种局面保持不变，当地人对朗姆酒的谴责或禁止都无济于事。

到 18 世纪末，糖和朗姆酒的影响已不限于欧洲和北美市场。法国禁止进口朗姆酒以保护本土的葡萄酒和白兰地酒业，因此，法国朗姆酒生产商被迫另辟市场。18 世纪中期，西班牙朗姆酒开始发展，尤其是在古巴。虽然它一直无法与英法两国的朗姆酒工业相比，但却同样面临着西班牙国内葡萄酒和白兰地酒业的反对。这使得英国和法国得以向西属加勒比和南美殖民地出口大量的朗姆酒。法属马提尼克岛、瓜德罗普岛和圣多明各岛向西班牙殖民地出口了大量朗姆酒（“塔非亚酒”）。至此，糖浆和朗姆酒还通过欧洲的各大奴隶贸易港口，找到了通往西非的道路，这看起来真是一种极具讽刺意义的怪异反转——从巴西出口至西非的商品中，奴隶种植的和制作烟草、朗姆酒和糖浆十分受欢迎，然而它们却被用来交换更多的非洲人，充做奴隶运往美洲。

美国独立时，朗姆酒和糖浆是美国经济的重要组成部分。虽然朗姆酒和糖浆也传播至任何欧洲人定居、经商和殖民所到之处，但两者在北美的消费极广。英国士兵的军粮也包括定量的朗姆酒配给。加勒比海地区的士兵和船员死亡率之高令人胆寒，但幸存者都把对朗姆酒的嗜好带回了家乡。

在西印度群岛种植园主的游说下，朗姆酒也在英国落地生根。朗姆酒还被视为杜松子酒的替代物。在 1750 年英国颁布《杜松子酒法》以抑制民众过量饮用杜松子酒之后，杜松子酒在英国引起的灾难性的影响才有所缓解。朗姆潘趣酒似乎比杜松子酒更温和，对人体的危害更小，自兴起之初就深受种植园主的喜爱。18 世纪 30 年代，朗姆酒已风靡大西洋两岸。不同寻常的是，在 18 世纪末的朗姆潘趣酒变得时髦之前，在昂贵的“潘趣酒碗”成为上层阶级时尚和地位的象征之前，朗姆酒最初只是一种大众饮品。[15] 朗姆酒贸易减少了英国长期以来对欧洲大陆葡萄酒和白兰地的依赖，至 1733 年，英国进口的朗姆酒高达 50 万加仑（227.3 万升）。虽然此时糖业游说团体竭力劝说那些热衷于欧洲大陆葡萄酒和白兰地的富人尝试朗姆酒，但朗姆酒重要且稳定的市场仍然是社会底层人士。

至 18 世纪末，英国的朗姆酒供应不仅来自于巴巴多斯，而且来自于糖业经济蓬勃发展的牙买加。18 世纪 70 年代早期，牙买加出口至英国的朗姆酒高达 200 万加仑（909.2 万升）。此时，牙买加糖料种植园 15% 到 20% 的收入来自朗姆酒，巴巴多斯种植园的这一比例甚至更高。

爱尔兰人也钟爱朗姆酒。18 世纪 60 年代和 70 年代期间，爱尔兰从巴巴多斯进口了约 150 万加仑（681.9 万升）的朗姆酒。然而，巴巴多斯朗姆酒的主要市场还是北美地区。1770 年，英属加拿大从巴巴多斯进口了 60 万加仑（272.8 万升）朗姆酒。牙买加对朗姆酒出口的依赖较低。美国独立战争前夕，牙买加向北美殖民地出口了约 90 万加仑（409.1 万升）的朗姆酒。此时加勒比海地区的种植园主要依靠朗姆酒来维持生计，超过 25% 的收入来自于朗姆酒销售。[16]

1776 年美国独立给加勒比海地区的糖业经济带来了威胁，种植园主担心失去北美的市场供应份额，但走私者再一次帮助他们摆脱了困境——通过丹麦属加勒比海地区的殖民地的船运，朗姆酒向北进入北美，美国的供应向南抵达加勒比海地区。在加勒比海地区贸易往来问题上，英美两国进行了一场猫捉老鼠的财政博弈。最终，加勒比朗姆酒所面临的真正威胁是美国本土威士忌的兴起和美国对一切英国事物的反感情绪。美国人开始在政治和文化上与英国人分道扬镳，他们摒弃了英国的生活习惯，拥抱咖啡和威士忌，而不是茶和朗姆酒。

直至美国巩固了独立战争胜利成果时，美国人才开始渐渐接纳朗姆酒和糖浆。朗姆酒随着英国庞大的海军、商业舰队以及遍布全球的军事基地漂洋过海。新英格兰和旧英格兰码头边的格洛格酒商店都在销售这种酒。与此同时，大西洋两岸的酿酒厂将奴隶生产的糖浆加工成朗姆酒，供本地人消费。

甚至在澳大利亚博特尼湾的早期移民中，朗姆酒也找到了忠实的消费者。1787 年后，部分澳大利亚早期移民就投诉过当地朗姆酒商人漫天要价。人们还谴责英国政府官员通过与因罪而被英国流放到澳大利亚的并在此落脚的移民进行朗姆酒交易而大发横财——恰是在当年第一批将罪犯押送往澳大利亚的船只上，这帮人的每日定量配给中包括糖和茶。[17] 船上那些在美国独立战争期间被英国解放后，被安置在伦敦和新斯科舍省的非洲奴隶也能得到朗姆酒配给，他们冒着危险固守在塞拉利昂——这块新成立的试验性殖民地。[18] 在美洲各地，少量的朗姆酒被分发给非洲奴隶，以帮助他们忍受劳动的艰辛。朗姆酒还在美洲的非洲奴隶及他们远在故乡的父老乡亲的各种宗教仪式中开始扮演重要的角色。

这又是一种明显的讽刺。奴隶生产的糖，以及由甘蔗加工得来的糖浆和朗姆酒，让奴隶生活变得不那么痛苦不堪。从美国边境到博特尼湾，在遍布全球的由欧洲人建立的危险定居点，在军营里和征战期间，在军舰和贩运奴隶的船上，朗姆酒缓解了人们的艰辛。朗姆酒好似奴隶们生产的一种润滑剂，它减轻了奴隶主及其压迫者的苦难与艰辛。这一切都与糖料种植息息相关。

朗姆酒也许缓解了北美殖民地的定居者和劳苦大众的艰辛和压力，但它也给加勒比海地区殖民地的印第安人带来灾难性的影响，摧毁了当地原住民的韧性。虽然一直以来，发酵酒在泰诺人的传统生活中都扮演着重要的角色，但朗姆酒的出现还是带来了新的破坏性饮酒习惯。朗姆酒在此地造成的破坏，也预示着北美原住民将面临的遭遇。尽管糖和朗姆酒带来明显的愉悦，但至 18 世纪，它们也彰显了对大西洋各地生活的破坏力。

大西洋商贸网络错综复杂，其中心是加勒比海地区的奴隶们种植的糖。其源头来自朗姆酒，朗姆酒是各岛屿重要的收入来源，也是进口商品的支付方式。朗姆酒在欧美占据了巨大市场，它就像糖一样，让陆地和海洋上的劳苦大众变得坚强有力。这一切的背后是非洲奴隶种植的万亩甘蔗田。

即使在一些不大可能的地方，朗姆酒也带来了影响。也许最令人惊讶的是朗姆酒在非洲的影响。欧洲人将各种各样的商品运往非洲大西洋海岸，以换取奴隶。亚洲的织物、印度洋的贝壳、欧洲的五金和枪支、法国的葡萄酒、意大利的玻璃珠、英国和北欧的纺织品和铁器，诸如此类的商品通过进港贩运奴隶的船抵达非洲市场。在那里，他们用这些商品交换非洲的奴隶。那些船只还运来美洲殖民地的商品。更具讽刺意味的是，被贩卖至美洲的非洲奴隶们种植的商品，又得到奴隶来源地沿岸的非洲中间商的青睐，并因此进入非洲内陆市场。来自巴伊亚、巴巴多斯和弗吉尼亚的烟草很快在奴隶贩子中找到市场。其中，巴伊亚的一部分烟草还用糖浆浸泡过。朗姆酒亦是如此。

长期以来，本地酒在非洲各国一直占据着重要的地位。它们不仅用于娱乐，还用于宗教仪式和社会习俗。进口酒，尤其是法国的葡萄酒和白兰地，在西非也大受欢迎。它们经常作为礼物送给有权势的非洲人，以疏通贸易，同时也是物物交换的一部分。1680 年，一位巴巴多斯商人发现，在非洲部分海岸地区，朗姆酒比白兰地更受欢迎，且一直如此。巴西商人和新英格兰奴隶贩子横越南大西洋，将大量的朗姆酒源源不断地运往西非，每次高达 30 万加仑左右（136.4 万升）。至 18 世纪初，大约七分之一的英国贩奴船是满载着朗姆酒从美洲扬帆起航的，而不是装着各种各样的货物从英国港口出发。

朗姆酒在非洲海岸的流行程度千差万别。有些地区的需求量很大，如 18 世纪加纳部分地区的年进口量达 4.8 万加仑（21.8 万升）。[19] 朗姆酒与其他进口酒一起进入非洲社会，而这里已有本土的酒精饮料。这些进口酒像烟草一样后来居上，极受追捧，其讽刺意味令人吃惊。

毕竟，这是非洲人在美洲生产的商品，这些货物沿着与当年运输奴隶相反的方向，跨过大西洋抵达此地。非洲奴隶种植的东西如今恰恰被销往非洲，其目的是购买更多的非洲奴隶。

那些朗姆酒的生产者——非洲奴隶——生来就将朗姆酒作为他们日常饮食的一部分。种植园主将少量的朗姆酒定期分发给奴隶，额外部分则作为奖励，或在节假日发放。在牙买加的沃斯帕克庄园，奴隶在废奴前的50年间每年可获得超过3加仑（13.6升）的朗姆酒。[20] 朗姆酒减轻了他们的负担，让闲暇时光变得不那么难熬，并使他们坚强面对生活之苦。从奴隶的角度来看，他们如此喜爱朗姆酒，以至于愿意用自己在小片土地和园子里生产的农产品，或用在闲暇时间里制作的物品作为交换。在殖民地的各个城镇里，朗姆酒商店随处可见。它们通常是由获得自由的奴隶或有色人种，尤其是女性经营的。一些有经营头脑的奴隶将朗姆酒打造成商店的畅销产品。

到18世纪中期，大西洋两岸的各阶层人士都在喝朗姆酒。它是糖料种植园的根基，其收益对种植园主和殖民地国家都至关重要。朗姆酒是横跨大西洋贸易的主要商品——无论在哪个方向均是如此——它在不同的社会群体中，无论是美洲的奴隶聚集区，还是西非的奴隶市场，都找到了自身独特的定位。朗姆酒对于英国皇家海军的军事活动和各地士兵的生活，都是至关重要的。从波士顿到悉尼，大大小小的格洛格酒馆都在兜售大量的朗姆酒。巴西、加勒比群岛和北美的原住民都在饮用朗姆酒，而且常常数量惊人。事实上，朗姆酒已成为大西洋两岸芸芸众生的饮料。作为糖的副产品，朗姆酒使人放松心情，也可使人下定决心，这些都是糖带来的快乐的翻版。它使人坚强，予人胆量，有时候也让人叫苦不迭，大西洋两岸的消费者概莫能外。

第 9 章　糖走向全球

当英国于 1833 年废除奴隶制时，种植园的糖生产模式以及糖饮食文化已经成为西方世界根深蒂固的特征。无论欧美人去何地旅行、定居及繁衍生息，他们也带去了自己此前在异地养成的饮食习惯，并常常因地制宜，改变饮食以适应当地环境。欧美人喜欢在任何食物中都加点甜味，这业已被证明是他们生活一个持久的——甚至是必要的——特征。美国人和欧洲人需要甜咖啡，而英国人及其移民后裔无论身在何处——美国大平原、开普敦、加尔各答或墨尔本，他们都要喝甜茶或甜咖啡。在美洲广袤的土地上，在其亚洲和非洲的殖民地前哨，在澳大拉西亚的新殖民地，这些英国人都坚持在烹饪和烘焙过程中使用糖。

美洲废奴（1833 年至 1888 年）后的一个世纪中，欧洲人在亚洲和非洲展开了一波又一波新的殖民扩张，美国人也在美洲和太平洋地区亦步亦趋，但无论在何处，西方国家都通过其本土的饮食来维持军事实力。如果没有那些来自其本土、添加了大量糖的熟悉饮食，就没有一支陆军或海军可以在千里之外战斗。正如拿破仑所言："士兵是靠填饱肚皮行军打仗的，他们更喜欢让肚子里装点甜食。"自美国独立战争至今，糖是所有美国军人的基本饮食成分。大陆会议给大陆军制定的食物配给中就包括糖浆和糖（1790 年朗姆酒也被纳入食物配给之内）。美国南北战争期间，糖是联邦军的军粮之一。

糖以不同的形式，传承至今。糖果——主要由糖制成——以供应给"一战"西线的美军，在其后的战争（"二战"、朝鲜战争、越南战争和海湾战争）中，糖是战场上士兵军粮（C 类、D 类和 K 类军粮）的重要组成部分。[1] 时至今日，英国军队的军粮中仍然包含大量的糖。[2] 人们对糖和甜味的钟爱，大致是通过人类迁徙和分布在各地的军队传播至世界各地的。

糖的需求量增加主要源于全球人口的大幅增加。1800 年到 1900 年，全球人口几乎翻了一倍（从 9.78 亿增加到 16.5 亿）。新增的数亿的人口需要养活，数以亿计的人依赖甜食和甜饮，需要糖（和其他甜味剂）作为日常饮食的一部分。欧洲是糖的现代盛行地，其人口在 19 世纪上半叶增加了 7 600 万，到 20 世纪时，人口总量已经翻了一倍。

北美人口的增长速度更加惊人：1800 年，美国人口为 500 多万；至 1900 年，人口增至 7 600 万。[3] 当然，如何供养日益增长的人口成为各国政府面临的一项主要任务。这不仅是商业和农业问题，更是紧迫的政治问题。在 20 世纪，饥饿乃至饥荒是军事冲突中的重要武器。在“一战”和“二战”的关键时期，交战双方养活本国人口——或让敌方挨饿而迫使他们投降——是重要的军事战术。食物是生死攸关的大事，而糖是食物中不可或缺的一部分。

为满足日益增长的人口所需的糖，人们需要新的糖料种植体系和土地。我们可以看到，美国中西部的土地是如何被开垦成甜菜种植地的，但这不足以满足美国人对糖的需求。一些此前没有受到制糖业影响的地区，也开始从事糖料种植和生产。

许多热带地区都可种植甘蔗，但在1800年，甘蔗的商业化种植还仅限于加勒比海地区的岛屿和巴西的部分地区。然而，一个世纪以后，热带和亚热带地区的各个角落都开启了大规模的商业化糖料种植。到2000年，全球100多个国家都在种植甘蔗。[4]糖料种植是一种新的农业形式，但在19世纪，现代机械化彻底改变了种植园。蒸汽动力的发展、高度机械化的大型糖厂的涌现，使甘蔗的加工方式变得更加高效。不仅如此，这些工厂还加速了糖的整个加工过程。它们消耗越来越多的甘蔗，从而控制了甘蔗田的生产方式。为维持糖厂的高效运转，甘蔗种植面积大幅增加，糖料种植园的规模日益扩大。到18世纪中期，大型糖料种植园的面积达到2 000英亩左右（1.2万亩）。1900年，只有占地1万英亩（6万亩）才能算得上是大型种植园。[5]当然,糖料种植园的大小在很大程度上取决于地形。并非所有的糖料种植区都适合如此大规模的开发，但在那些有大面积的适宜种植糖料的土地的地区，便很可能出现大型糖料种植园。

因此，糖料种植逐渐渗透至各热带地区。事实上，在许多新的殖民地区，首批殖民者都认为，糖料种植园是最有利可图的农业发展项目。世界需要糖，而且历史似乎也表明，糖最适宜在种植园里生产。随着新的热带雨林被转化成耕地，糖再次成为重要的投资项目。但是，自16世纪英国殖民巴西开始，棘手的劳工短缺问题便一直是一个挥之不去的重大难题。

尽管早在19世纪糖生产就已经实现了机械化，但糖仍然是劳动密集型作物。在机械化甘蔗收割技术（仅适用于大面积的平坦土地）出现之前，甘蔗田向来都意味着令人腰酸背痛的体力劳动——所有男女都要弯腰驼背，从事甘蔗种植、除草、施肥及最后的收割等繁重的工作。对于任何一个从业者而言——无论是奴隶，还是后来的自由劳工——它都是一项极耗体力的工作。

不仅如此，种植园主和主导着制糖业的公司给予他们的报酬极少。甘蔗种植工人辛勤劳动，却所得甚少。当这些殖民地的奴隶获得解放时，大批奴隶离开了种植园，这丝毫不令人意外。他们憧憬着拥有自己的小块土地，成为自耕农，他们在自己的农场为最近的糖厂种植甘蔗。甘蔗田里的困苦一如既往，奴隶们通常只有在别无选择时才会留在曾经生活过的种植园。在加勒比海地区、美国和巴西的奴隶制废除前，糖料种植园主通过购买更多的奴隶增加工人的数量。

非洲奴隶获得自由给糖料种植园主带来了新的问题。当各国政府废除奴隶制、殖民地官员和种植园主解放奴隶时（他们常以此吹嘘自己的美德），他们转而引入一种新型的人力资源——契约劳工——这些人远没有自由可言。契约劳工主要来自印度，而不是非洲。这些印度劳工穿越印度洋和大西洋，以填补加勒比海地区殖民地的劳动力缺口，其数量着实令人震惊。在1924年之前的90年里，以英国为首的欧洲国家将大约150万印度契约劳工运往这些旧的糖料殖民地和新开发的殖民地。其中，运往英属圭亚那约25万人，特立尼达约15万人。世界其他地方新开发的糖料种植园也引入了大量契约劳工。[6]例如，1879年后，印度人被运往斐济，他们在澳大利亚殖民者的糖料种植园里工作。一个世纪后，糖业在斐济经济中占据了统治地位，印度契约劳工的后代占当地人口的一半。一种新的族群等级制度开始产生，同时出现的还有原住居民和契约劳工后代之间根深蒂固的敌意。甘蔗再一次将仇恨的种子散播到五湖四海。从加勒比到太平洋群岛最偏远的地区，甘蔗带来了社会和民族的分裂，以及敌对的情绪。

印度洋群岛也出现过类似的情况。在毛里求斯（该地1810年后附属于英国），约45.2万名印度契约劳工取代了从事糖料种植的奴隶。在这里，种植园主与美洲的种植园主一样，通过建造大型工厂来增加产量，但印度的契约劳工们厌恶糖料种植园，所以往往在合同到期时选择离开。种植园主故技重施，并继续从印度引入更多的劳工。至20世纪中期，印度劳工的后代已经占当地人口的大多数。英属圭亚那的情况大致相似，特立尼达则没有那么明显。在所有这些地区，印度劳工填补了糖料种植园因奴隶获得自由所空缺的工作岗位。

南非则与此不同，当地产的甘蔗一直深受非洲人的喜爱。但在纳塔尔的种植园里，英国殖民者引进了新的甘蔗品种。但是，非洲人不愿意从事种植园的艰苦工作，于是英国殖民者像从前在加勒比海地区一样，再次将目光投向印度契约劳工。尽管这里糟糕的待遇和恶劣的工作条件一直饱受印度工人的诟病，但纳塔尔的糖出口却开始蓬勃发展。即便如此，南非糖业还是兴盛起来，这主要得益于英国在非洲南部地区政治势力的扩大，以及糖料种植园主在土地和税收方面获得的优惠条件。1897 年英国攻占祖鲁兰以后，控制着土地的当地政府将大量的土地授予糖料种植园主。在英国的政策支持下，南非糖业与祖鲁兰本地的糖厂合作，成为南非甚至更广阔的英国市场的主要糖生产者。

在此过程中，制糖业继续以其独特的破坏性方式运作着。即使在印度契约劳工离开南非的甘蔗田以后，还会有不同的移民工人前仆后继而来，而这一次是来自南非的其他地区的人。他们也同样遭受着悲惨的命运，而蔗田劳作的艰辛以及雇主的冷酷和残暴让情况变得更糟。这一切都是更加宏大的南非冒险传奇和种族隔离的一部分——印度人、非洲人和白人——这种隔离受糖利益驱动，并得到英国政府的支持。糖再一次证明其具有破坏的潜能。它播下种族动乱的种子，时至今日仍然困扰着南非政府。甘地年轻时移居南非，正因受到这种文化和经济的毒害而奋起抗争。

在澳大利亚北部的热带地区，糖业也在蓬勃发展。昆士兰的气候非常理想，当地制糖业可满足澳大利亚日益增长的移民人口对糖的需求，而无须花费高额成本从国外进口糖。自 19 世纪 60 年代末伊始，澳大利亚的糖业扩张至北部城市麦凯，那里也采用了相同的种植体系。

到 19 世纪 80 年代,澳大利亚的制糖业在经历一系列失败之后，开始繁荣发展，其目光再一次投向移民劳工：中国人、日本人、爪哇人，尤其是美拉尼西亚群岛的瓦努阿图人和所罗门人。一些人是与印度模式相仿的契约劳工，但这种用工形式后来在当地白人的反对声中落下帷幕。这些迁徙的人口——史称“绑架非洲奴隶卖做劳工”（包括屈于暴力被俘和签订契约的劳工）——他们再一次为蔗田提供了没有自由可言的劳动力。直到 1904 年至 1906 年，这种做法才最终结束，但它为 21 世纪澳大利亚大规模、高度机械化的制糖业奠定了基础。19 世纪 90 年代，澳大利亚的糖产量仅约为 6.9 万吨。一个世纪后,其产量高达 525 万吨,其中大部分用于出口。此时，澳大利亚已成为世界上最大的糖消费国之一，年人均消费的糖达到 48.34 千克。[7]

无论糖料种植园在何处生根，它们都给当地带来了巨大的变化。它们改变了当地的生态、人口和整个社会政治形态。在几个世纪里，在遍布全球的一个又一个糖业经济体中——从圣多美到巴西，从加勒比海地区到印度洋，从太平洋到澳大利亚——这个故事在不断重复上演。人们还未充分认识到糖对身体健康产生的危害时，糖就已经对人类家园的环境和人口产生了惊人的破坏作用。此外，糖还造成了政治上的动荡。

到了20世纪，糖料种植园已遍布全球。过去，糖料种植园统治着美洲地区，但到1900年，它们已在全球开花，从毛里求斯到斐济，从夏威夷到澳大利亚，都是如此。糖料种植已成为真正的全球性产业，糖料种植园再一次证明其发挥全球热带、亚热带地区商业价值的能力。在20世纪，这一过程又加快了前进的步伐。如今，糖的消费遍布世界各地，而且无论在何地，只要土地和人力的结合能够生产糖的话，糖料的种植和生产将成为必然。

第 10 章　美国之甜蜜蜜

19 世纪中期至第一次世界大战（简称“一战”）期间，西方世界的饮食发生了翻天覆地的变化。然而，美国的发展历程在其后的数年里对世界的发展至关重要。美国经济的崛起及其现代大公司在全球的扩张，开始对全球经济和社会生活产生前所未有的影响。例如，美国饮食的变化后来就为全世界所采用，而美国饮食最核心的部分即是糖。即使在 1914 年，美国人和欧洲人的糖摄入量也是令人吃惊的。到了 20 世纪中期，吃甜食的习惯已经在全世界生根发芽，并发展到了惊人的程度。

人口增长是导致糖消费增长最显著的原因，这在欧洲和北美体现得尤为突出。1800 年至 1900 年，全球人口几乎翻了一倍。正如我们之前看到，北美人口从 1800 年的 700 万增长至 1900 年的 8 200 万，2000 年则达到 3 亿多。与此同时，欧洲人口从 2.03 亿增长至 4.08 亿，然后增长至 7.29 亿。尽管地区与地区之间、国家与国家之间人口增长情况各异，但有一点是明确的，增长的数千万人口需要食物和饮料。各国政府开发资源，课以税收，以找到足够多的物质来满足人们的需求和快乐。在这个过程中，食物和饮料的生产规模达到了前所未有的水平。新工业和新技术主要用于设计新的粮食种植和加工方法，以满足不断增长的需求。与几乎所有其他行业一样，新的工业化进程也面临着挑战。

在农业（无论是种植业，还是畜牧业和渔业）方面，开创性的生产方法及新式机器设备的运用，开始改变作物的种植、牲畜和鱼类饲养及加工的方式。将这些产品打造为畅销食品需要新的加工、包装、分销和营销的工业体系。有一些变化众所周知，例如，铁路产生的巨大影响。它延伸至遥远的北美、南美和澳大利亚的农田旁，将大量的粮食和牲畜运到主要港口城市的粮仓和屠宰场，再出口至欧洲和其他地区。

这一食品和饮料现代化故事的背后，是多种关键的大宗商品价格的大幅下跌。人们可以用钱买到更多的产品。比如说，与 1870 年相比，在 1900 年，1 美元可以购买更多的食物。自南北战争以来持续下跌的糖价又进一步下降，这主要归功于制糖的工业化。[1] 随着工业化程度的提高，食品价格自然也随之下降，糖的发展亦是如此，因为它是现代食品的核心。不甚清楚的是，在这个漫长的过程中，为什么糖一直是整个故事的中心。为什么糖（以及后来的其他甜味剂）会进入西方乃至更广阔的世界，并成为新兴的饮料和食品？

即使在早期阶段，19 世纪末食品和饮料的工业化也涉及糖的广泛使用。糖广泛用于新型的面粉、肉类包装和冷藏，特别是用于各种新型罐装的水果、蔬菜、汤和瓶装饮料。糖一步步进入人们餐桌和厨房的各种食物中。在同一时期，价格便宜的汽水的兴起在糖的普及中扮演了更重要的角色。

为了解事情的来龙去脉，我们需要聚焦美国。在整个 19 世纪，美国经济及其公民都依赖大量的糖。美国开始从加勒比海地区进口糖，而后转向夏威夷，而美国的甘蔗地和甜菜地的产量也高达数百万吨。南北战争前夕，美国糖进口量为 6.94 亿磅（31.5 万吨）。20 年后，达 18.3 亿镑（83 万吨）。1900 年，糖进口量为 40.07 亿镑（182 万吨），到 20 世纪 20 年代中期又翻了一倍。[2] 虽然并非只有美国对糖情有独钟，但此时美国经济已在很大程度上塑造和影响了世界其他国家，美国糖业的发展也彰显着 20 世纪全球的诸多趋势。现在，世界食品和饮料的关键领域主要由美国大公司主导，如果想了解全球糖的消费模式，我们需要更仔细地观察美国的发展历程。

早前在第 6 章中，我们研究了美国人喝咖啡的历史，他们一直热爱往咖啡中加糖，且这种热爱是全民性的。但糖本身在美国的重要性远不仅仅是作为咖啡的添加剂而已。糖是美国联邦经济政策中的重大议题，对进口精制糖征收关税是为了保护美国糖业，当然，也是为了给美国政府创造收入。尽管第一次对进口精制糖征收关税是在美国建国初期制定的，但对糖业的全面保护直到 1842 年才真正实现。50 年后，当《麦金利法》（1890 年）调整糖的关税时，糖的价格下降，糖的消费量进一步增加。

到了 19 世纪 80 年代，众多制糖公司的精炼厂已遍布美国东海岸的港口城市，这是美国糖业的一大特点。当时，企业开始对糖精炼新设施进行大规模投资。此外，自命不凡的企业家亨利·哈维迈耶（Henry Havemeyer）创办了多家大型精炼公司。这一切都推动了糖业的现代化。哈维迈耶出生在一个制糖世家，从小接受制糖的培训，在耳濡目染的熏陶中长大。他是一个震古烁今的商人，也是美国糖业转型的重要推动力。1887 年，哈维迈耶并购了美国糖业 23 家精炼厂中的 17 家，成立了美国制糖公司，控制了该行业 98% 的产能。美国制糖公司采取了一种托拉斯形式——糖业托拉斯——与洛克菲勒名气更足的标准石油托拉斯大同小异。和其他托拉斯一样，哈维迈耶的糖业托拉斯彻底改变了美国糖业。到 1891 年，最初的那批糖精炼厂只剩下四家仍在勉强度日。

那是各种大型企业集团形成的时代，是美国托拉斯兴起的时代，其涉猎范围之广，包括银行业、烟草业、金融业、石油业、钢铁业等等。托拉斯规模之大、力量之强，使得它们得以控制甚至有时候能垄断其所在的行业。但这也引起了政治和法律方面的激烈反应：大型工业托拉斯极力巩固其统治地位，并抵制法律和政治方面的约束，而美国政治家们则急于捍卫消费者利益。这种冲突由来已久，也是美国 1895 年至 1907 年的“重大组织动荡”的一部分，给美国经济带来了革命性的影响。这也是美国企业发生重大收购重组的年代，公司收购案例数年均达到 266 家，其最终结果是一家公司主宰其所在行业的市场。有时,一家企业可能控制着 60% 的市场份额。1904 年，约有 318 家美国公司占据了美国制造业总资产的 40%。

美国糖业托拉斯成立于 1887 年，距洛克菲勒石油托拉斯成立仅有 5 年。1891 年，该机构改组为美国制糖公司。它巩固了美国大型炼糖厂的地位，成为美国制糖业的重要代理机构，拥有着美国大多数知名品牌，并负责与各州和州各地方政府的谈判。哈维迈耶的公司成为美国制糖业的重要支柱。该公司几经易名，致力于推广高度精制的白砂糖。在哈维迈耶看来，为推广白砂糖而暗中诋毁其他类型的糖，特别是红糖，可谓理所当然。[3] 自始至终，他与美国政府达成的协议极其复杂，但又极具说服力。

与其他大型托拉斯一样，哈维迈耶控制的美国制糖公司与美国法院和政府之间也矛盾重重。但因背靠权钱，该公司创立了新品牌“糖果之王”，最终扭转局面，甚至力压政治和法律上的反对力量，并推动了制糖业利益的扩大。虽然制糖业很少能与铁路、钢铁和石油相提并论，但糖业联盟的组织形式沿袭着与后者非常相似的路线，其对制糖业运作方式造成的影响也如出一辙。这也有力说明：20 世纪初，糖在美国经济和社会生活中发挥着重要的作用。

美国糖企的故事，及其在 19 世纪末成长为美国重要行业的过程，也反映了美国人对糖的眷眷之心。糖是美国人生活中不可或缺的一部分，因此，糖业及其游说团体也至关重要。从药物到家常便饭，从商业饮料到家庭和正式聚会上精美的食物，糖的身影无处不在。糖从一种古老、简单、功能性的产品，演变出诸多不同的味道，并形成强大的商业实体。例如，糖从苦药的增甜剂变成糖果。美国糖果棒其实就是煮过的糖。

到了 20 世纪初，曾经作为家庭中饮料添加剂的糖，已经成为厨房和橱柜中的主要食材。它是家庭烹饪、烘焙、保存水果和食物的重要物品。在商业烘焙和糖果业的大规模扩张过程中，糖也发挥了同样重要的作用。

一批新兴的企业家发现，人们在甜味及奢华品位方面有需求，于是以高度机械化的方式生产现代糖果和巧克力，并以小包装或独立包装的方式售卖这些商品，如棒棒糖和巧克力棒。米尔顿・赫尔希（Milton Hershey）先生效仿欧洲的先驱们，以他自己的名字成立了好时公司，后来发展成为美国的巧克力巨头。弗兰克・马尔斯（Frank C.Mars）也是如此，他成立的玛氏公司是美国最大的家族企业之一。糖果和巧克力形状各异，大小不一，成分多种多样，但共同点是它们都含糖。从“一战”开始，糖果和巧克力也成为美国军事物资配给的重要组成部分。甜味给海外服役的美国士兵们带来瞬时的愉悦、力量和决心，也许还会让他们回想起万里之外故乡的乐趣和舒适。

随着本土糖产量和进口糖数量的增加，美国糖价日渐下跌。于是，糖成为美国人日常饮食的必需品。甚至于，美国西部的先驱们也对糖爱不释手。19世纪40年代，在有关美国探险的一系列指南书籍中，列出了旅途必需的所有食物，它包括盐、咖啡和糖。[4] 1861年，马克·吐温从密苏里州乘坐马车前往内华达州，在一家驿站停车休息时，他抱怨那儿只有难闻的饮料而没有茶，而且还没有加奶或糖。[5] 1881年，牛仔在平原上放牧时，都会在供给车上放置大量的糖和其他必需品。在美国的各个角落，从纽约最时尚的文艺沙龙，到印第安人定居点和牛仔生活的边疆，糖都是必不可少的生活品。[6] 美国人在日常工作、做家务和旅行中，都需要糖。

多层糖衣婚礼蛋糕是美国流传至今且最具特色的糖食发明之一。婚礼蛋糕如今已是司空见惯之物，但在19世纪末刚出现时，这种甜品风靡一时。糖衣和装饰几乎完全是由糖制作而成的。除了是一种时尚，婚礼蛋糕还是曾经的糖塑雕像的当代翻版。不同之处在于，后者曾是奢侈的象征。如今，甜蜜的白色婚礼蛋糕已普及至平常人家。当然，在许多历史悠久的社区，人们也会用源自异国的食材来制作蛋糕，庆祝婚礼，但这种富含糖的现代习俗是在美国发扬光大的。19世纪30年代，美国食谱中讲解了用杏糖糊制作婚礼蛋糕的方法。久而久之，婚礼蛋糕越做越精致。家庭越富裕，蛋糕就越奢华，有些蛋糕甚至是由德国移民而来的面包师制作的。

到了19世纪末，随着原材料特别是面粉和糖的价格下降、商业化大规模生产和新式烤箱的出现，以及广告的大力宣传和消费能力的增长，美国中产阶级终于得以享用他们曾经梦寐以求的婚礼蛋糕。如今，包裹蛋糕的白色糖衣是用最精细的糖制成的，蛋糕变得越来越精致，并一层一层地堆叠起来。维多利亚女王的婚礼蛋糕周长 9 英尺（2.7 米），但只有底座才是蛋糕，上层都是由糖制作而成的。新娘和新郎在婚礼上切蛋糕的仪式始于 19 世纪中期，但直到 20 世纪初才变得十分普及。这一切皆因大量的价格低廉的糖才成为可能。[7]

在糖的广泛使用中，婚礼蛋糕只不过是其中一种更精致的形式。几乎在同一时期，糖成为众多甜品的重要原料。这些甜品从 19 世纪末开始点缀着美国人高档的餐桌和菜单——明胶、果冻和冰激凌，它们能从市场买到；随着冰箱的普及，富裕的家庭也能自己制作这些食品。糖也是美国人庆祝各大节假日的重要食材——圣诞节、复活节、生日聚会和情人节都用糖来款待客人。所有庆典都有含糖食物，其精致程度在 20 世纪末达到巅峰。

在此期间，工业化包装食品和冷藏技术的引进，改变了美国乃至全球的食物。如何保存、储备和腌制食物，这是印第安人一直面临的问题。欧洲移民不愿意接受美洲原住民所遭遇的事实，即在一年的某段时间中，饥荒将笼罩世界，直至季节更替。为了保存冬季所需食物，人们需要大量的醋和糖。这个时期的美国，家家户户都有腌制的蔬菜和含糖的水果和果酱。添加大量的糖是保存水果的黄金法则。其中一条建议是：保存果酱、果冻和蜜饯的最佳方法是糖占总量的60%。[8] 1844年，一本食谱这样写道："如果保存水果用糖过少，水果容易变质。"[9] 如果糖价一直高昂，用干燥方法来保存水果将比糖渍更划算，但当糖变得更加便宜和充沛时，它被用于帮助美国人度过残酷的冬季。1858年，随着梅森罐的问世，水果的保存方式又发生了改变。这种玻璃罐通过旋盖和橡胶圈来密封。由于隔绝了新鲜空气，梅森罐只需较少的糖来保存水果。但即使是这种创新方式，也很快又被商业罐装食品所取代。

罐装食品发源于法国，曾得到拿破仑的嘉奖，因为他意识到食品罐头可以作为部队行军打仗时的粮食补给。到19世纪20年代，罐装食品已经传播至波士顿和纽约。在那里，人们最初主要使用瓶装果酱和番茄酱，后来罐装才渐成主流。起先，人们在家庭作坊中按照传统的配方，用糖制作番茄酱，但如今番茄酱的生产规模已达数万加仑。[10]

最初的罐装过程主要是依靠手工操作，因此成品价格较高。早期的罐装食品存在食物被污染、引起食物中毒等健康风险。但在南北战争期间，这些问题被抛在一边，联邦军队也采购了大量的罐装食品。无数企业家迎难而上，改善生产体系，使罐头食品更安全。南北战争结束后，成千上万的士兵回归平民生活，他们已经习惯并且喜欢上在服役期间食用的罐装食品。对于大多数人特别是穷人来说，军队的食物比他们参军前吃的食物更加多样，且更令人愉悦。

南北战争彻底改变了罐装行业及其他的一切。1860年，美国食品行业生产了 500 万罐罐装食物。10 年后，产量达到了 3 000 万罐。随着罐头行业的日益工业化，美国的普通民众也能消费得起越来越多的罐头食品。同样重要的是，新铁路系统的建立使得食品得以在广袤的大陆上纵横穿梭，地方食品得以传播至全美国。肉类、面粉、水果和蔬菜的包装成本低廉，因此，即便在离种植或生产地千里之外的市场上，人们也能以便宜的价格买到。糖亦是如此。

1860 年后，包装食品以其简单便捷赢得消费者的青睐。19 世纪末，包装食品的种类也发生了变化。例如，金宝汤公司（Campbell Soup Company）在 1869 年成立之初，主要生产蔬菜罐头，但到世纪之交，该公司则主要生产汤罐头。到 1904 年，金宝汤公司的年产量超过 1 600 万罐。与此同时，该公司还大肆宣传其产品，以期说服顾客相信他们的产品是健康的。这是美国现代广告业的大开拓时期——以烟草业为主导，它们色彩绚丽，极尽奢华，视觉和语言都很夸张，但许多广告还是在重点宣传罐装食品的健康本质。从金宝汤公司到杜克美国烟草公司，吸引消费者的不仅是这些产品使用便捷和价格低廉，而且是它们声称对健康有益的说辞。无论这些广告的观点多么不靠谱或蛊惑人心，美国消费者还是购买了越来越多的新式罐装食品。

不管这些罐装食品在技术加工过程中损失了多少营养，或是加了多少糖，但只要它们方便购买、易于准备和食用，人们便觉得瑕不掩瑜。通过宣传罐装食品这种饮食捷径，厨房工作也变得更加省力。大量的宣传册和食谱不仅宣传自家公司的产品，还会介绍最便捷的烹饪办法。[11]

到了20世纪初，一种全新的烹饪和商业现象浮出水面——对烹饪便捷性的崇拜。在此前的半个世纪中，对于美国这一全球最重要、最具活力的经济体来说，其饮食和烹饪的理想目标就是便捷性。食品和饮料价格低廉，并有瓶装、罐装等多种便捷的包装形式。这些东西触手可得。而且更重要的是，它们向女性提供了无法抗拒的便捷性，而在世界各地，通常是女性在准备食物。

不仅如此，这还为20世纪下一阶段更加全面彻底的食品生产和销售工业化拉开了帷幕。在制作这些早期的方便食品时，糖是至关重要的帮手。在整个20世纪，糖——以及后来的人工甜味剂——改变了美国乃至全世界数百万人的饮食习惯。

第 11 章　角力新大陆

自 17 世纪以来，糖便是英国国内政治争端的源泉之一，同时也是财政事务中一个充满争议的议题。它甚至还是国际上战略、外交和军事冲突的导火线。糖税成为 18 世纪争论的焦点。尤为重要的是，它引起了英国与其美洲殖民地之间的冲突。在这两个世纪的大部分时间里，产糖岛屿的归属权引发了那些原本就长期不和的殖民帝国之间的冲突。实际上，欧洲国家的外交政策正是以霸占产糖殖民地或者阻止其竞争对手这样做为目的而制定的。在此过程中，发生了一些重大的冲突，有时还带来了灾难性的影响。全球格局时而向一方倾斜，时而又转向了另一方。法国大革命期间，欧洲国家在加勒比海地区争夺产糖殖民地的斗争达到了异乎寻常的激烈。

对欧洲人来说，加勒比海地区的价值巨大。法国大革命前夕，英属加勒比海地区的岛国向宗主国出口了价值 450 万英镑的产品，而当时英国本土的出口总额仅为 1 400 万英镑。法国的情况更加令人吃惊。法国当时出口了价值 1 150 万英镑的商品，而他们在加勒比海地区的殖民地出口商品总值却高达825万英镑。这其中当然包括多种热带地区的商品（如棉花和咖啡），但无论在数量还是价值上，它们都无法与糖相比拟。

到18世纪晚期，法属加勒比海地区殖民地变得极其重要。1770年，圣多明各已成为世界上最大的糖料生产国。尽管法国人嗜糖如命，但他们还是将70%的从加勒比海地区进口的糖再次出口，主要销往荷兰和德国。时至今日，我们在当年的各方与法属加勒比海地区开展贸易的中心——波尔多市——仍然可以看到法国糖业经济的影响。那里有豪华的建筑和优雅的街道，其工业和商业活动区沿着加龙河一直延伸至葡萄酒产区的腹地。法国的奴隶贸易中心——南特市和勒阿弗尔市也有着类似的历史。即使在遥远的马赛，其五分之一的贸易都与加勒比海地区有关。1791年，据拉罗什富科（Rochefoucauld）公爵估算，超过70万法国家庭的生计都依赖糖业贸易。然而，与英国不同，法国的糖业贸易是分散的，其各个港口，如同那些产糖岛屿一样，将其他进行糖业贸易的港口视为竞争对手。而且，它们认为政府是一个需要克服的障碍，而不是合作伙伴，因为后者对食糖贸易征税并实施限制。法国制糖厂的情形也大致相同，它们也是彼此竞争。最终的结果是，法国糖业没有像英国糖业那样发展成为一个能够影响政府政策的强大而有影响力的行业。它是一个高度分散的商业市场。[1]

尽管如此，法国国内对糖的需求仍十分旺盛且日益增长。糖作为基本食材，广泛用于法式烹饪和饮料生产；同时也作为防腐剂，用于酿造酒、医药和酒精。法国糖消费的中心位于巴黎及其周边地区，每位巴黎人每年要消费 30 磅（13.6 千克）至 50 磅（22.7 千克）糖。富人们青睐精制糖，而穷人则偏爱粗糖。[2] 在法国大革命前夕，法国和英国的评论家们都一致认为人们有着渴求更多糖的潜在需求。市场似乎前景无限。由于糖在英法两国的政治生活中牢牢地占据了核心地位，两国在加勒比海地区发生的任何冲突都会产生复杂的影响。威胁任意一国糖业贸易的行为，如破坏货物和非洲奴隶的运输，攻击对手的产糖殖民地，又或是在双方看来都是极其糟糕的奴隶反抗，这些都远不止是殖民地的问题。糖的供应中断，将严重破坏本国的殖民力量和国内的繁荣和富足。这对法国和英国来说，都将无力承担，他们甚至无法想象破坏糖业经济的后果。

1789 年法国大革命以及随后法属殖民岛国的奴隶起义，使法国殖民政权陷入混乱。一系列的破坏席卷了法属加勒比海地区，但其后在圣多明各发生的事情，才是各地奴隶主的噩梦。奋起抗争的奴隶们摧毁了成百上千座糖料和咖啡种植园。1 万名奴隶主和难民就此逃离，大部分都逃往了牙买加和美国。最终结果便是法国糖业受到重创。1791 年的圣多明各，曾是全球最大的咖啡产地，同时还能生产 8 万吨糖。可是不到 10 年光景，这一情形就发生了巨变。圣多明各的产糖量骤降至 1 万吨，而牙买加的食糖产量则上升至 10 万吨。法国蓬勃发展的制糖业及其主要的热带贸易货源，就此土崩瓦解。[3]

此后，法国不得不寻找其他的食糖供应方，或者寻求其他的糖源。最终，拿破仑下令推广甜菜糖生产，尽管这一命令并不像听起来的那么具有革命性。厨师们早就知道，甜菜煮后得到的糖汁与糖浆相似。17 世纪初，科学家就已经证实甜菜煮后会产生甜甜的糖浆。

早在 1747 年，德国科学家安德烈亚斯·西吉斯蒙德·马格拉夫（Andreas Sigismund Marggraf）就已经成功利用甜菜制出食糖晶体。他的一位学生卡尔·佛朗茨·阿查德（Karl Franz Achard）在普鲁士国王威廉三世的资助下，展示了如何大批量地将甜菜转化为糖，以及如何实现商业化生产，从而进一步推动了这一进程。阿查德去世以后，他的研究工作仍在西里西亚的实验工厂里继续着，随后又在巴黎那边开展。但转折点仍是法属加勒比海区发生的骚乱和拿破仑寻找新糖源的焦虑。

甜菜糖是一项影响巨大的创新。法国希望利用甜菜糖来破坏英国的制糖业，英国则对此感到担忧。欧洲消费者将甜菜糖视为从其他国家的热带殖民地所进口的糖的替代品。[4]

拿破仑对最初生产的甜菜糖产品赞不绝口，他预言英国糖业的统治地位将就此结束，并命令将 100 名学生送到新成立的甜菜制糖学校学习。他强令农民种植甜菜，并为法国的农民和甜菜糖制造商提供 8 万英亩（49 万亩）的土地、实验设施和 100 万法郎，用来发展甜菜糖。这一切成效卓越。到 1812 年，40 家法国工厂将 9.8 万吨甜菜转化为 330 万磅（1 500 吨）糖。其他欧洲国家，特别是德国，也很快开始了甜菜种植和甜菜糖生产。

1815 年拿破仑战争结束，欧洲港口重新开放从殖民地进口便宜糖的业务，羽翼未丰的甜菜制糖产业就此崩溃了。虽然甜菜糖根本无法与奴隶生产的蔗糖在商业上竞争，但突破已经实现；现在看来，人们似乎不必从遥远的热带地区运输蔗糖即可满足自己的甜食喜好，且不必面对其中涉及的后勤和政治方面的困难。有关甜菜糖的新科学和工业产生了，它们全部位于温带国家。科学创新为甜菜加工带来了重大改进，但在 1848 年法国结束使用奴隶生产蔗糖之前，蔗糖一直保持着商业优势。此外，殖民地食糖生产商在欧洲国家的首都拥有相当大的政治势力，因此，通常能够通过立法来支持他们的事业。

不过，德国没有产糖殖民地。因此，当地的甜菜糖得到了稳定的发展。1836 年，德国有 122 家甜菜制糖厂，其甜菜糖的消费量在整个 19 世纪稳步上升。1886 年德国生产了 100 万吨糖，1906 年又翻了一倍多。此时，甜菜制糖产业已在西欧各国兴起，从比利时到俄国，数百家工厂生产甜菜糖，以供本地人消费。[5]

甜菜制糖发源于欧洲，多个欧洲国家竞相参与其中，以满足日益增长的人口对甜食的需求。美国后来也如法炮制，其人口数量不断增长，而甜食和甜饮则是他们饮食中的重要组成部分。大量的蔗糖从加勒比海地区，尤其是从古巴和其他西班牙属殖民岛屿，源源不断地运往北方。后来，夏威夷取而代之。但是，甜菜糖为美国提供了品尝本土甜味的诱人前景。此外，美国有着广袤的适合种植甜菜的理想土地。

在美国，早期的甜菜制糖尝试始于宾夕法尼亚州和马萨诸塞州，后来则由犹他州的摩门教徒们接过衣钵。他们的设备购自利物浦。进一步的尝试在伊利诺伊州、威斯康星州和加利福尼亚州等地进行。随着甜菜制糖实验在美国国内各地的迁移，工厂机械也从一地转移到另一地方。大多数工厂都未能赚钱。直到 19 世纪 80 年代后期，加利福尼亚州的工厂才开始盈利。19 世纪末，内布拉斯加州和加利福尼亚州的糖业现代大公司最终建成了有利可图且欣欣向荣的甜菜制糖产业。

由于进口糖被征收更高的税，美国本土的甜菜糖销量激增。1892 年，美国共有 6 家糖厂，共生产 1.3 万吨甜菜糖。10 年后，41 家制糖厂的总产量井喷至 200 万吨以上。到 20 世纪中叶时，美国甜菜糖产业已实现高度机械化，产量达到了 350 万吨，大约是美国食糖需求量的四分之一。那时，大型企业占据着主导地位，它们共有 60 家工厂，散布在 18 个州，生产的精制糖种类达 100 余种。21 世纪初期，制糖业接受了约 16 亿美元的资金支持。[6] 尽管甜菜糖如此重要，但美国在 19 世纪末仍然继续从热带地区，特别是从西属加勒比海地区岛屿的糖料种植者那里大肆进口蔗糖。

尽管甜菜制糖过程引入了科学和现代加工工艺，但甜菜本身的栽培和收割却依赖于苦不堪言的体力劳动。这虽然无法与甘蔗田里的奴隶的遭遇相提并论，但终究还是一份工作环境恶劣的悲惨工作。这也是糖的关键悖论的另一个实例，即为了生产一种本质上是奢侈品的商品，人们不得不付出辛苦的劳动。17 世纪以前，人们在食物和饮料中都不加糖。由于美洲糖业奴隶制的兴盛，如今全世界都开始变得爱往任何东西里加糖，却丝毫不顾及那些忍受了极大困苦生产相关农作物的劳动者所付出的代价。

无论是甘蔗还是甜菜，在这个故事的每一个转折点，糖料的种植和加工都是一个争论激烈的话题。在旧的殖民国家衰亡和美国统治地位上升后的很长一段时间里，糖仍然是一种高度政治化的商品。美国在许多方面都追随着昔日欧洲殖民主义国家的脚步，并及时开始行使自己的（甚至比前者更大的）权力，以实施其在加勒比海地区及后来在太平洋地区的糖战略政策。糖虽然让人们尝到了甜味，也带来了一丝苦涩的政治回味。美国人像从前的欧洲人一样，恋上了甜食和甜饮，政客们则努力捍卫并促进美国的糖业利益。

19 世纪末期，糖在美国政治中扮演着重要角色，甚至在外交和战略事务中也是如此。与 18 世纪的欧洲人一样，美国人认为糖对于他们的福祉、对于他们的饮食是如此重要，以至于任何威胁到美国糖业利益的问题，都会演变成一个重大的政治议题。美国的外交政策特别关注糖料种植区，尤其是邻近的加勒比海岛屿，甚至还包括太平洋地区。因此，在紧要关头，美国的重要外交政策都是围绕着糖问题而制定的。

1897年，美国的一家主流期刊如是说，糖已成为“美国的当代问题”。文章指出，“吃糖还是不吃糖，这似乎是美国参议院必须面对的问题。”[7]在19世纪90年代，围绕糖的诸多问题，如种植、进口和精炼、供应和价格等，成为美国政治议程中的首要问题。这其中有强大的商业游说团体在背后的推动，其影响力范围远超美国边境，其政治权力在华盛顿也不能忽视。但这一切都基于一个简单的事实：美国人的食糖消费量极高，且在不断增长。与传统欧洲国家不同，美国有能力自己种植糖料。

曾有人试图在北美洲的殖民地种植糖料，如弗吉尼亚、佐治亚和南卡罗来纳，但大多数努力都失败了。最适合种植甘蔗的地区是路易斯安那。即使在那里，18世纪中期种植来自加勒比海地区的甘蔗的尝试也被证实为一个失败的商业行为。在18世纪90年代海地革命爆发后，特别是当路易斯安那被美国收购以后，该地区的制糖业才开始蓬勃发展。1803年之前，路易斯安那曾先后是西班牙和法国的殖民地。1803年美国与法国签订的路易斯安那购地案仅仅花了1 500万美元。这在后来被证明是一笔令人惊叹的便宜买卖，在当时也被赞为一大明智之举。霍雷肖·盖茨将军向杰斐逊总统祝贺道：“让这片土地欢呼吧！因为你以如此便宜的价格就买到了路易斯安那州。”这笔交易使美国的陆地面积翻了一倍。其他好处还包括：为密西西比河三角洲的沃土带来了巨大的农业发展潜力。这里似乎是理想的种糖之地，但它还亟须在种植田里从事艰苦且紧张工作的劳动力。与加勒比海地区和巴西的糖料种植园不同，新生的美国无须依赖来自非洲的劳工，因为在老南方（南北战争前的美国南方地区）的奴隶人口正在日益增加。只要花点钱，劳动力就可以向南部和西部转移，到达密西西比河沿岸的新兴的棉花和糖产业区。

一批新的走陆路的美国奴隶贩子开始跨越州界，将奴隶运往新的定居点，以开发路易斯安那州的商业潜力。与盖茨将军不同，奴隶们可没啥值得高兴的。他们将要在闷热的新甘蔗地和制糖厂里度过痛苦的一生，这种痛苦还将延续到他们的孩子身上，就像他们祖先在巴西和加勒比海地区所经历的那样。

然而这一次，糖业奴隶制与以往有所不同。首先，美国正处于一个快速发展的现代化进程中，能够将新的工业技术应用于具有创新性和集约化管理体制。路易斯安那州的制糖业迅速成长为一个独特的新旧结合体——一群仍旧饱受残酷压迫的奴隶劳工，但在新的机器和现代管理体制的监督下工作。

1812 年，路易斯安那州仅有 75 家糖厂。随着那些更适合路易斯安那州气候和生态的新品种甘蔗的引入，糖的种植面积迅速扩大。路易斯安那州糖业的兴盛还归功于资本的支持，特别是来自新奥尔良和欧洲银行的支持。糖料种植园主可以将奴隶作为大宗抵押品获得贷款，路易斯安那州的糖料种植园主开始大规模地投资现代制糖设备。南北战争时期，路易斯安那州的糖料种植园主掌控着整个美国投入最多的农业形式。[8]

像邻近的棉花种植园一样，路易斯安那州的糖料种植园依靠不可或缺的蒸汽动力河运，他们也利用蒸汽动力来种植和加工糖。然而，现代制糖业的核心还是被奴役的劳动力。美国对糖的需求急剧增长，这促使糖产量大幅增加。19 世纪 20 年代后期，糖料种植园的数量翻了一倍；19 世纪 40 年代，当位于新奥尔良西部新建成的糖料种植园与老种植园一起发力生产糖之后，糖的产量进一步激增。那些年是路易斯安那州糖业最繁荣的时期。一位种植园主曾提过"黄金糖田"这个说法。自从糖业在路易斯安那州扎根后，仅仅用了 60 年时间，该州就建成了 1 536 个糖料种植园，产量高达 25 万桶（12.5 万吨）。19 世纪中叶，糖产量超过 32 万桶（16 万吨）。尽管 19 世纪 50 年代后期遭受了严重自然灾害，1 年之后该州的糖出口量仍占全球四分之一。1861 年，最后一批完全由奴隶收割的糖料作物产出了 46 万桶（23 万吨）糖。[9]

在这些繁荣时期，路易斯安那州的种植园主们一直在创新，尝试不同品种的甘蔗，以及新的种植制度和现代的加工方式。北部各州金属和工程行业的创新使得新设备价格下降，这也让他们受益。南北战争前夕，就像兰开夏郡（位于英格兰西北部）的棉花产业一样，蒸汽动力和最新的技术创新驱动着路易斯安那州制糖业的发展。

不过，所有这一切还与奴隶劳工的数量扩张密切相关。1827 年，大约 2.7 万名非洲奴隶在路易斯安那州的糖田工作；1850 年，该数字增加到 12.5 万人。该州糖料种植园所雇用的奴隶人数也在大幅增加。1830 年，一个种植园的奴隶总人数平均有 52 人，但在南北战争期间，其人数增至 110 人。[10] 那些规模较小、现代化程度较低的糖料种植园里有 12 个左右的奴隶，他们的生活条件可能是最恶劣的，有时候住的地方和牛棚一样糟。与加勒比海地区和巴西的糖料种植园相比，这些种植园中的奴隶数量相对较小，但与美国其他典型的蓄奴机构相比，该数量已较为庞大。即便如此，就算是 1 个世纪以前的糖料种植园园主们，也能一眼就认出那些在路易斯安那州甘蔗田里工作的奴隶——一群弯腰驼背的背影，挥舞着甘蔗种植通用的弯刀，砍向在风中摇曳的甘蔗丛。他们日常工作极其艰苦，而且总是受到监工和管理者的暴力威胁。然而，具有讽刺意味的是，即使在 19 世纪的时候，那些最现代的机器仍需要奴隶们去维持其蒸汽动力的日常运转。若甘蔗放在田里长期无人看管，或机器没有甘蔗可加工，就意味着效率低下和经济损失。糖厂的机器需要人手定时添加甘蔗，以保持加工过程持续进行，糖料种植园园主和管理者们则必须找到新的更有说服力的方法，让奴隶们继续努力工作。种植园园主和外部观察家开始赞扬路易斯安那州糖料种植体系的效率。但是，很少有人注意到，这一切是以奴隶工人被迫忍受生理极限为代价换来的。

19 世纪的糖料种植园以其效率和盈利能力而著称。现代机器与新的奴隶管理形式相辅相成，糖料种植园园主们开始对其富有策略的庄园管理模式感到自豪，甚至有人将种植园本身视为一台机器。这一切为那些成功的种植园主带来了丰厚的回报。就像从前加勒比海地区的糖料种植园园主一样，美国糖业人士也热衷于建造最精美的府邸，以此炫耀他们努力的成果。他们的住宅位于种植园的中心，采用那些大西洋两岸白手起家的富豪所常用的奢华风格。宽阔的车道、帕拉第奥式（强调对称的新古典风格）的府邸大门，以及美国最上等的家具和装饰品（这一场景可参考出现在电影《飘》中的棉花种植园塔拉庄园）。紧挨着这一切的就是破烂不堪的奴隶住处，以及被迫忍受罄竹难书般苦难的奴隶。

除了种植园主，美国的消费者也获益匪浅。他们将奴隶劳动产出的糖加入从巴西大量进口的咖啡中，而咖啡本身也是由奴隶种植的。如同 17 世纪和 18 世纪欧洲出现过的神秘的历史循环，奴隶制一如既往地影响着西方世界的甜食习惯。

与美国其他许多生活领域一样，南北战争摧毁了路易斯安那州的糖业。1864 年，糖料种植园数量从 1 200 个减少到 231 个，最高糖产量从 26.4 万吨跌至 0.6 万吨。尽管很多人陷入了悲惨境地，但南北战争却为奴隶带来了自由。像全美其他奴隶一样，当路易斯安那州的奴隶迎来自由后，很少有人愿意回到原来的工作岗位。该行业濒临崩溃，从前在种植园劳作的奴隶也不见踪影了。不过，仅仅在 10 年之后，路易斯安那州的糖业就开始大幅复苏。北方的资本流入，十分之九的糖田易手。[11] 新的种植和加工方法、中央糖厂、生产者组织、研究学校及其他因素彻底改变了这一奄奄一息的产业。现代化的美国制糖业试图充分利用美国国内外不断增长的对糖的需求。到 19 世纪末的最后几年，路易斯安那州的制糖业蒸蒸日上，最终在 1900 年糖的产量达到了 30.28 万吨。[12]

此时，全世界的糖业经济已经发生了根本性的改变。美国日益增长的人口对饮食中糖的需求也在不断增加。世界各地涌现出许许多多的糖生产商，他们都渴望从美国的甜食市场中分一杯羹。最重要的是，在日益被视为山姆大叔（特指美国政府或美国人）后院的加勒比海地区，一些糖生产商近在咫尺。美国人对糖的渴求以及与加勒比海地区糖生产者的近邻关系，两者在很大程度上共同决定了美国在该地区的政治和战略利益。这种利益关系从当时一直持续至今，尽管程度不尽相同。

最靠近美国的产糖岛国——古巴，距离佛罗里达州仅数英里，尽管在古巴历史上的大多数时期，甘蔗只是一种边缘作物。19 世纪初，海地革命爆发后，糖业经济便崩溃了，一个摆脱了英国殖民统治的独立美国崛起了，再加上 19 世纪中期英属加勒比海地区殖民地糖业的急剧衰退，情形发生了迅速改变。本着自由贸易的精神，英国在 1846 年取消了糖税，其他地区的糖被允许进入英国，其消费者就能够以较低的价格买到糖。而当时的古巴已经将一半的糖销往英国，也做好了准备，以满足消费者们日益增长的需求。

古巴人急忙将更多的耕地用于糖料种植，但这也再一次把非洲奴隶变成糖厂里的劳工。尽管英美两国在 1807 年至 1808 年废除了奴隶贸易，但非洲人仍然继续被运往古巴和巴西，其数量甚至达到了史无前例的程度。在英国废除奴隶制后的 50 年里，超过 50 万的非洲人被运往古巴。[13] 最终结果是，美国和英国的消费者仍在购买奴隶种植的糖。

在 18 世纪末的最后几年里，古巴仅仅生产了 1.9 万吨糖。但 50 年后，该国共计 1439 个种植园的糖产量竟高达 44.6 万吨。糖已成为古巴转型的主要驱动力。现在它的主要市场是美国，美国人为他们提供资金支持，但其劳动力却仍是非洲人。

就像南北战争前路易斯安那州的糖料种植园主一样，古巴的糖料种植园主也开始着手建立一个高效的现代化产业。他们充分利用新机器，用蒸汽动力作为大型中央工厂的动能，并通过蒸汽火车运输甘蔗、精制糖和朗姆酒。19 世纪中叶，古巴生产的糖占世界产量的四分之一，而这一切都是以奴隶制为前提。在 1867 年最后一批非洲人被运往古巴之前的 30 年间，该国共接收了 30 多万名非洲奴隶。这一切得益于美国在金融和船运方面的大力协助，尽管这是非法的。古巴正日渐屈服于美国的金融业及其国际影响力。美国政客和政府对外界人士，尤其是英国的废奴主义者干预古巴事务的行为非常气恼。尽管美国已正式承诺废除奴隶制，但对古巴的奴隶买卖生意仍在进行着，以此从中获利。此外，英国毫不松懈地对涉嫌贩卖奴隶的美国船只进行拦截或登船检查，但美国却不以为然。随着林肯当选总统、南北战争爆发、奴隶制被废除，古美奴隶交易得以终止，这种表里不一的行为也在 1860 年随之结束了。[14]

然而，这个故事的核心是一个实实在在的悖论。当以英国和美国为首的西方国家正式承诺终止跨大西洋奴隶贸易并着手部署海军以阻止该行径时，古巴糖业经济的发展和巴西其他种植园商品的迅速普及却使得这些地区对非洲奴隶的需求急速上涨。西班牙控制着古巴直到 1898 年，但它却对奴隶贸易视而不见。原因很简单，奴隶贸易似乎对古巴经济有利。几年间，超过 3 万名非洲人来到古巴。在整个跨大西洋奴隶贸易史上，古巴接收的非洲奴隶是北美的两倍。[15] 在持续的非洲奴隶贩运背后，有两个相互关联的因素：非洲的奴隶劳工和北美的消费。美国的投资支撑着古巴的糖料种植园和许多运输奴隶的船只，而美国的消费者则要求购入更多的古巴奴隶种植的糖。

古巴的糖料种植园面积大，机械化程度很高。古巴的烟草和咖啡行业也开始繁荣起来，并一直持续到 19 世纪 40 年代巴西奴隶种植咖啡的兴起。到 1850 年，古巴已成为世界上最富有的殖民地之一。然而，随着整个美洲奴隶制的削弱，这种以奴隶为基础的财富积累过程不再如从前那般顺畅。古巴的奴隶制最终因反对西班牙统治的独立战争而受到破坏。在 1868 年至 1878 年的 10 年里，破坏性的战争导致越来越多的奴隶逃离了糖料种植园。战争，尤其是由那些曾经的奴隶发起的战争，给岛上的糖料种植区造成了巨大的破坏。大量的奴隶在战乱中逃脱，得到了自由。事实证明，在古巴维持奴隶制变得更加困难，西班牙最后不得不做出让步，古巴的奴隶制最终在 1886 年被废除。只有巴西的奴隶制持续得更久一些，直到 1888 年才被彻底废除。

在美洲漫长的历史中，奴隶制似乎是糖业繁荣的真正基础。就像从前来自法国和英国的殖民者一样，古巴的糖料种植者们发现，很难想象在没有奴隶劳工的情况下生产糖。但眼下，他们不得不开始寻找其他的劳动力。于是，他们将目光转向了遥远的地方。到 1873 年，超过 15 万名契约华工被运到古巴；贫穷的欧洲人，还有来自加勒比海群岛的其他被剥夺了财产的穷人，也来到这里。但是，糖料种植园的恶劣生活条件使得所有人都退缩并逃离。虽然古巴的糖料种植园主们无法从西班牙统治者（官员腐败，政客也毫无同情心）那里得到些许安慰或支持，但美国活跃的市场对他们来说唾手可及，美国还通过投资和贸易致力于发展与该岛的关系。在古巴荒凉的边境地区，甚至有些种植园主在讨论能否以一种更加正式的政治安排加入美国。

19 世纪后期，因欧洲甜菜糖的发展，古巴与欧洲的食糖交易受到了严重打击。但是美国出手相救，通过一系列的古美商业联系和显赫家族的帮助，美国不仅购入了古巴食糖，而且还购买了该岛的糖料种植园及工厂。由于美国在大型中央糖厂和新铁路系统方面的巨大投资和管理，古巴糖业才能在 19 世纪末得以复苏。古巴当时生产了 100 万吨糖，大部分都运往美国。这并不奇怪，因为该行业大多已落入美国人手中，甚至该行业的技术和管理精英也是美国人。[16]

据估计，到 1896 年，美国在古巴的投资共计 9.5 亿美元。美国制糖公司（1897 年）是美国主要的糖加工者。他们通过游说，确保廉价的粗糖源源不断地流入他们在纽约、费城和波士顿码头边星罗棋布的炼糖工厂。[17]

古巴只是所谓的“美国糖业王国”的一个最壮观的写照，是美国的政治和企业势力在加勒比海地区缔造的一个王国。这一势力在古巴、波多黎各以及后来的多米尼加共和国都有一席之地。到 19 世纪后期，古巴实际上已成为一个附庸国，这一事实由美国对古巴的入侵和 1898 年的美西战争而被证实。后续的法规使古巴成为美国金融和商业的首选地。二战以前，古巴制糖业在北美金融家的庇护下安然无恙，岛上生产的糖大部分都被运往了美国。[18] 这就解释了为何美国在加勒比海地区和其他产糖中心拥有着日益增长的政治利益。就像从前的欧洲人一样，美国人开始将贪婪的帝国主义目光投向产糖地区。加勒比海地区很近，但太平洋地区也同样进入了他们的视线。

夏威夷群岛曾是长途捕鲸者的基地，但 19 世纪 60 年代和 70 年代由于鲸油和鲸须的需求下降，该行业衰落了，随后当地制糖业出现了。早在 1835 年，一家美国公司就在传教士的帮助下开始种植甘蔗。他们将此视为转变当地人民信仰的一种手段。1850 年法律修订之后，美国投资者被准许进入这些岛屿，美国的大公司开始主导夏威夷和制糖业。这个转折点发生在 1876 年。8 月 24 日，旧金山号货轮停靠在火奴鲁鲁（檀香山，美国夏威夷州的首府），带来了美国和夏威夷最近签署的《美夏互惠条约》的消息。它还带来了克劳斯·斯普雷克尔斯（Claus Spreckels），一个热衷于利用新协议的旧金山糖精炼商人。他知道在美国销售夏威夷诸岛生产的糖能获得巨大的利润，于是迅速买下此地当年生产的 1.4 万吨糖中的一半。

经历了开始阶段的几番尝试与挫折之后，夏威夷制糖业在 19 世纪 30 年代至 40 年代取得飞速发展。1836 年，夏威夷仅生产了 4 吨糖；40 年后，产量高达 1.3 万吨。正如斯普雷克尔斯所意识到的那样，新的互惠条约改变了一切。胃口惊人的美国市场极大地推动了当地糖业的发展。1886 年，夏威夷出口了 10.5 万吨糖，斯普雷克尔斯一时被人们称为“夏威夷糖王”。这对夏威夷的影响是无法估量的。[19]

旧夏威夷王国完全被糖业所主导，而糖业则依赖于美国市场。夏威夷的种植园及其主要的美国园主和资助者在岛上拥有巨大的经济和政治影响力。就像各地的糖料种植园一样，夏威夷新的种植园需要大量的劳动力，但岛上的人口不足以维持日益扩大的制糖业。在库克船长抵达该岛时，岛上人口估计在 30 万到 60 万，到 19 世纪 70 年代，人口已降到不足 6 万人。特别是在加利福尼亚快速发展之后，许多人迁移至美国大陆，但夏威夷的糖业急需劳动力。于是再一次，解决方案变成从远方输入劳工。夏威夷的糖料种植园主将目光转向中国和日本。至 1890 年，他们共运来 5.5 万名中国和日本的契约劳工，并因此向夏威夷的君主收取费用。到世纪之交时，夏威夷的原住居民在当地总人口数的占比已经很小了，日本人则成了岛上最大的族裔。

古老而熟悉的故事再一次在夏威夷的制糖工人们身上上演：恶劣的工作环境，简陋的生活和社会设施，工人们对种植园主根深蒂固的怨恨以及持久的游击式反抗，这一切的标志性特征是他们同糖料种植园主之间定期产生的纠纷。无论扎根何处，糖业都似乎会培育出这样一批种植园主，他们用严厉的手段管理他们的财产和劳动力；他们奴役着心怀不满、饱受压迫的劳动力，后者自始至终都被命运套上了缰绳。

夏威夷种植园主的势力所及范围也远远超出了甘蔗种植园。1887 年，他们中的一小撮人强迫夏威夷国王实施立宪制，以确保种植园主掌控整个夏威夷。这个不平等的新型政治体系有效地将政治权力移交到美国人手中，而夏威夷人则被排除在外。即便如此，对于糖业人士来说还远远不够。随着华盛顿财政政策的变化以及夏威夷皇家政府的改朝换代，1898 年在菲律宾和古巴发生的美西战争后，美国趁机吞并了夏威夷岛。美国海军陆战队为了维护岛上糖料种植园主的利益，推翻了夏威夷岛颇受欢迎的女王。1900 年，夏威夷成了美国的领土，糖料种植园主们似乎拥有了他们想要的一切。他们现在是美国的一部分，可以自由地往返大陆进行贸易和出口。1875 年，夏威夷糖仅占美国市场的 1%；1900 年，这一数字已增长到 10%。夏威夷的糖料种植园主们现在已经在夏威夷群岛上稳稳地站住了脚跟，并与美国大陆形成了良好的贸易关系，直到二战到来前都将牢牢地占据着统治地位。[20]

然而，种植园主们对日裔人口的增长感到担忧，这些人口正是他们所带来的。由于成为美国人，种植园主们失去了获得契约劳工的渠道，因为现在这种行为是非法的。对此，他们也感到不满。另一方面，随着大量日本女性的涌入，日本工人们开始组织起来捍卫自己的利益。不出所料，糖料种植园主们不仅采取传统的高压手段作为回应，而且还从菲律宾输入廉价的劳工，最终数量高达 10 万名。

在这里，糖的故事中一个耳熟能详的情节再次出现，夏威夷的糖重复着世界其他角落里糖的经历：种植园驱逐当地的土地所有者，精明的种植园主们实行着剥削劳工的制度，并行使当地（甚至大城市）的政治权力。这就是国际糖业利益的最新版本，其忠诚并不取决于生产现场，而在于遥远的办公室和财务室。无论在哪里生根，糖这个行业似乎都会腐蚀它的所有参与者。或许更糟糕的是，糖料种植园园主和其他人之间那种古老的剥削关系直到现代依然存在。在美国，我们能找到一些最糟糕的例子。

在最具剥削性的条款下，糖业对劳动力的需求是无止境的，而夏威夷仅仅是其中一个最新例证罢了。在横跨四个世纪的大多数时间里，奴隶制均取得巨额收益，但其最终还是走向了灭亡，获得自由的奴隶们也抛弃了他们视为奴隶之家的糖料种植园。但那令人不安的熟悉的故事又随之而来。

在许多英国的旧殖民地，印度契约劳工接替了那些被解放的奴隶的工作。这种新的契约劳工的大移居是为了填补被解放的奴隶离去而留下的空白，或是他们也希望在圭亚那、特立尼达岛等新的土地和殖民地找到工作。这是人类的又一次大规模迁徙，其进程一直持续到 20 世纪初。

此外，印度人散居的欧洲殖民地并不局限于加勒比海地区曾经的奴隶殖民地。在印度洋地区，毛里求斯接收了近 50 万印度人；留尼汪接收了 8.7 万印度人；南非的纳塔尔接收了 15.2 万印度人，马来半岛接收了 25 万印度人。[21] 糖又一次成为这些移民背后的主要驱动力，就像它曾经推动奴隶制一样。糖又一次导致了全球部分地区人口统计学的变化。

糖业使用契约劳工所取得的成功，为其他作物提供了蓝图，从而导致了进一步的大移民，如中国和日本的契约劳工被转移到加勒比海、南美洲、夏威夷、加利福尼亚等地区。这里有一批廉价的外来劳工，可以雇用他们去特定的地方或种植特定的作物，可能是糖或菠萝、茶、棕榈油或是后来的橡胶。劳动者受制于某一雇主达一定年限，以换取某些雇用条款。这当然与非洲奴隶制不尽相同。但是，契约劳工也并非自由之身。在许多批评家看来，这些殖民国家从奴隶制到契约劳工的转变，其实是一个典型的帝国主义谎言。这些国家一边鼓吹着自己废除奴隶制的功德（在这方面，没有哪个国家可与英国相提并论），一边继续消费着从遥远的地方运来的、由饱受压迫的奴隶们所生产的大量的糖。奴隶制结束后的很长一段时间里，糖继续为数百万人提供甜蜜的愉悦，其代价却是充满剥削的工作环境。

在 19 世纪的最后 20 年里，古巴成为世界上最大的食糖生产国。1886 年，当奴隶制被废除时，该岛生产了 75 万吨糖，约占世界出口量的 40%。古巴之所以能做到这一切，是因为它受到西班牙、美国和英国的资金支持，并使用从英国重型工程公司横跨大西洋运来的现代化设备。但是，这个古巴糖业故事的背后是美国的崛起。美国通过本国船只运来非洲人，以维持古巴的奴隶制，还在古巴种植园投入巨资，并购买了该岛出口的大部分糖。1886 年后，与加勒比海其他地区的早期种植园一样，古巴糖业种植者面临着相同的问题，即如何在没有奴隶的情况下运营糖料种植园？

在废除奴隶制后的几年里，古巴糖料种植业开始占据农业的主导地位。它大大超过了本地咖啡的出口量，此时世界特别是美国的市场已被巴西咖啡所占据。到 19 世纪末，古巴生产的糖超过 100 万吨，其中大部分运往美国。这并不奇怪，因为古巴糖业大部分都是被美国和美古联合利益集团所拥有、控制或管理的（譬如，在 1885 年，大约有 250 名来自波士顿的技术人员在古巴的糖料种植园里工作）。

这个联系是显而易见的，正如美国驻哈瓦那领事承认的那样："事实上，古巴已经进入了美国的商业联盟。"美国制糖公司（又称糖业托拉斯）生产了美国 70%—80% 的精炼糖，它在古巴拥有 19 家炼糖厂。此外，它在哈瓦那和华盛顿拥有极大的经济和政治特权，并在 1898 年美西战争前后发挥了重要作用，确保古巴一直处于美国的控制之下。[22]

古巴就是美国的热带后院。它满足了美国对糖的需求，二者之间形成了一种美国竭力捍卫的特殊关系。然而，古巴人并不喜欢这种关系，但对于两国从古至今以来经常剑拔弩张的尖锐关系来说，这恰恰是其核心所在。有关糖的问题是导致两国这种持续不和现象的核心。

在加勒比海地区，美国糖的利益远远不限于古巴。西班牙的三个殖民地 岛屿——波多黎各、多米尼加共和国特别是古巴，为美国利益提供了丰厚的外快。通过令人惊讶且前所未有的努力，三地将更多的土地和劳动力用于种植糖料作物。1902 年，他们生产了 130 万吨糖；1920 年则再次翻了一倍。3 年后，他们的产量增加到令人惊讶的 675 万吨。[23]

20 世纪初，全球糖价急剧上涨，因此旧产糖区扩大，新的地区纷纷加入到产糖的队列，如毛里塔尼亚、巴西、阿根廷和印度。此时，美国对糖的需求主要依赖于夏威夷、菲律宾、波多黎各，当然最为重要的还是古巴。此外，还有美国本土生产的路易斯安那糖和中西部的甜菜糖，以及德国的糖。由于依赖进口，糖业很容易受到干扰。“一战”爆发时，糖业的脆弱就展现得淋漓尽致。

美国在一战中展现了至关重要的生产大量食品的能力，但战时的航运损失对大西洋两岸的粮食供应产生了威胁。美国从德国进口甜菜糖的贸易就此萎缩。很明显，市场需要更多来自加勒比海地区的糖。但人们很快就发现，美国仍需对主要食品进行定量配给，并说服国民改变饮食习惯。糖是一个明显的目标。美国政府开始着手说服人们减少糖的摄入量，特别是当该国于 1917 年参战以后。此时，美国需要向本国军队和欧洲的盟国供应物资。[24]

接到任务后，美国食品管理局开始专注于小麦、肉类、动植物油以及糖。降低美国的人均糖消费量迫在眉睫（当时约为 40.8 千克）。酒店、俱乐部、餐馆和商店都接到指令，要求减少其食物中糖的含量。糖果、软饮料、口香糖和冰激凌制造商们均被要求减少产品的含糖量。[25]

战时限制的结果之一是，美国政府和精糖制造商达成协议，在购糖方面形成垄断关系，由美欧联合委员会决定如何在美国和欧洲盟国之间分配糖。对于许多美国人来说，由此产生的食糖配给制以及不断提倡拒绝和克制糖消费的行为，总有一些政府过多干涉人们私生活的味道。这种利他主义的托词，如用于制造美国糖果的糖量抵得上英国和法国的糖消费总量，使一些人心生不满。大型炼糖厂也很快对美国政府的控制感到愤怒。最终结果是，人们对“大企业”

普遍持不欢迎态度，其根源在于前一代人的反垄断情绪。在这其中，尤以美国糖业托拉斯为甚。因为它似乎更关心其利润，而不是为美国谋取利益，或为消费者提供廉价产品。

美国战时的糖政策主要关注奢侈品，如糖果、巧克力、冰激凌等。尽管也有例外，比如鼓励家庭通过添加额外的糖来保存食品和水果。[26] 然而，1918 年夏天，“一战”造成了严重的食糖短缺。载有数百万磅糖的船只被德国潜艇击沉。威尔逊总统授权建立一家糖业公司，该公司有权进口糖，并控制经营和销售糖的利润。人们在公共场所甚至家中使用糖都受到了限制。当时，人们每天只有 1 盎司的糖，并引入了流通券来控制和监督整个过程。配额被收紧，报纸则被要求通过劝告来向读者施压，以减少糖消费，如《每天节省糖的 7 种方法》。餐厅里禁止提供敞开口的糖罐。尽管遇到了种种困难和诸多批评，但该制度还是起了作用。美国人被要求节约 60 万吨糖。而在这次事件中，他们成功地节省了 77.5 万吨糖。[27]

美国战时的食糖问题，只是过去三个世纪以来我们所熟知的故事的一个最新注脚而已。那些主要产自遥远的热带地区的糖，已成为数百万人日常生活中的必需品。然而，它很容易受到战火破坏的威胁。为保证持续供应，并使价格保持在消费者可接受的范围内，政府被迫对其进行干预。糖在 1917 年引发了激烈的争议，一如 18 世纪那样。糖已经渗入了数百万人的饮食中，没有糖的生活是无法想象的。糖是必不可少的，而且它无处不在。如果糖变得稀缺或过于昂贵，人们会要求议员和政府对此负责。

战争时期的高糖价在和平时期必会消失。尽管最初价格高昂，但到了20世纪20年代中期，糖价开始大幅下跌。1929年华尔街股市大崩盘后，经济和社会不和谐现象比比皆是。在古巴，这场股灾对占主导地位的糖业产生了毁灭性的影响，如骚乱、革命以及美属糖料种植园和工厂被强制接管。在华盛顿，颇具影响力的美国种糖人士要求对廉价的进口糖征收关税，以保护他们免受古巴糖业的影响。他们也的确做到了。1933年当选的富兰克林·德拉诺·罗斯福总统，担心古巴剧变会带来真正的危险，因而采取了折中方案：美国糖和外国进口糖在美国市场上拥有平等的配额，其中，古巴获得了64%的进口配额。1937施行的《食糖法》直到1974年才被取缔，这“使得糖成为所有美国最受管制的农作物”。[28]

“二战”前夕，糖在美国是受到严格管控的商品。在整整一代人的时间里，糖诱使着美国政府参与到制糖业最秘密、最琐碎的事务之中。让人记忆犹新的是，糖一直是加勒比海地区和太平洋地区美国外交和军事政治的核心，并且在推动美国政府对经济进行详细干预方面发挥了关键作用。整个故事的基础是美国消费者对甜味食品和饮料的喜爱。美国人爱用“如苹果派那般具有美国特色”这个短语，因为美味的苹果派中需要加入大量的糖。

在美国，糖是“生活必需品”的说法是毋庸置疑的。[29]大部分糖都来自古巴。1945年后，古巴在美国市场中仍享有极其慷慨的配额。这一切因为 1958 年的古巴革命而陷入混乱。菲德尔·卡斯特罗开始着手处理被美国统治的糖业问题。他没收了所有占地面积超过 1 000 英亩（约 6 070 亩）的糖料种植园，并禁止外国人拥有古巴土地。美国国会迅速削减了古巴的糖配额，于是后者开始在苏联和东欧寻找新的贸易伙伴。当肯尼迪总统全面禁止与古巴的贸易时，美国立即失去了一半的食糖供应量。面对巨额短缺，国会迅速将古巴的食糖配额授予美国生产商，放宽了对本国蔗糖制造业长达 26 年的限制。简而言之，美国种植者被“大开绿灯，以尽可能多地种植糖料”。[30]

其中有一个州尤为突出，发展前景诱人且势不可挡。那就是佛罗里达州，在它最显著的位置，大型农企横空出世，致力于扩大食糖的种植规模。该州的制糖业羽翼渐丰。1934 年，佛罗里达州仅生产了 2.9 万吨糖；但到 20 世纪 50 年代时，已增长到 17.5 万吨。然而，这仍无法与古巴的高达数百万吨的巨大产量相提并论。佛罗里达的糖业中心——克莱维斯顿小镇，被誉为“美国最甜蜜的小镇”，当时由于向周边糖田的大规模扩张而成为焦点。然而，开发新的糖田需要在土地和机械方面的大量投资。花费数百万美元建造的工厂也需要稳定的甘蔗供应货源才能顺利运行。佛罗里达许多专门研究其他农产品（如水果、蔬菜和牲畜）的农学家们转行为糖料种植者。新的种糖合作社迅速兴起，为美国市场生产了越来越多的糖。

1958 年后，佛罗里达州糖业处于繁荣期。对其而言，最重要的新鲜血液是来自古巴的被驱逐的糖料种植园主们，他们中的一些人在古巴拥有的规模庞大且利润丰厚的糖产业和家庭财产，当时都被新生政权夺走。他们在佛罗里达州重操旧业，购买土地和机器，大力投资，高效率建立起了新的糖业。到 20 世纪 90 年代，他们拥有的甘蔗种植地已超过 19 万英亩（约 115 万亩）。这些古巴人建造了 8 个大型工厂，并雇用了大批的因政治原因流亡海外的古巴工人。拥有加勒比海地区糖交易经验的美国人，以及那些能够获得美国金融资源和渴望推翻卡斯特罗的人，也加入到了佛罗里达州的这场“糖业淘金”的热潮。20 世纪末，位于克莱维斯顿的美国糖业公司，每年生产 70 万吨糖。然而，这种“大干快上”的行为给产糖区附近的佛罗里达大沼泽地造成了严重的后果和深远的影响。[31]

在接下来的 30 年里，又出现了一群新的糖业大亨。他们富得超乎想象，在佛罗里达州和加勒比海地区控制着大片的土地。他们拥有高度现代化的工厂，以美国政府担保的价格为市场提供大量的糖。佛罗里达州的糖业人士也处于优势地位，通过为竞选人提供奢侈的款待和资金支持，结识了不少位居政府高层的朋友。

这给佛罗里达州带来的影响是巨大的。1955 年，该州的 3.6 万英亩（约 21.8 万亩）土地变为甘蔗种植田；到 1973 年，数字上升到 27.6 万英亩（168 万亩）。1953 年,佛罗里达州的糖产量为 17.3 万吨，到 20 世纪 60 年代中期增长到近 100 万吨。那么，这个故事不可避免的阴暗面是什么呢？它是糖的历史中又一个悲惨的篇章，因为佛罗里达州的制糖业需要大量的田间劳动力。这意味着他们需要临时的移民工人，特别是来自墨西哥和加勒比海地区的劳工。对于很多人而言，这似乎是一场新的令人不安的奴隶贸易。[32]

移民劳工是 20 世纪的一个全球现象，美国农业对此尤为依赖。它起源于二战期间美国、墨西哥以及英国政府之间签订的一系列协议，旨在为美国提供劳动力。其中，墨西哥劳工是通过火车和巴士运到美国的，而巴哈马人和牙买加人则是先通过海运，后改为空运来到美国的。在和平时期，这种模式仍在延续。20 世纪 60 年代中期，每年有 50 万墨西哥人来到美国从事农业工作。在同一时期，每年有超过 2 万名外籍劳工来到佛罗里达州收割甘蔗，为期 5 到 6 个月。[33] 他们主要是西印度群岛人。在糖庄里，他们的生活和工作条件都很糟糕：军营式的双层床、密不透风的建筑物、恶劣的卫生状况和近乎不存在的医疗设施。他们的雇主精心编织了一个宣传这些设施的宣传网络，鼓吹佛罗里达州糖业良好的生活和工作形象。一部电影中吟唱道："观看西印度群岛人挥舞砍蔗刀，就像在欣赏一门历史悠久的艺术。"[34] 这可笑的言辞忽略了一个显而易见的事实，即这门艺术是由奴隶和契约劳工塑造的。

糖料种植园试图让员工不受外界监督，但调查记者很快就曝光了工人所处的困境，以及糖厂扩大至大沼泽地所导致的生态退化的事实。糖业种植使得稀缺水资源过度消耗，有毒废物和化学品流向了自然栖息地，这对生态造成了严重破坏。[35]

20 世纪初期，保护大沼泽地的必要性已经显而易见，尽管该地区直到 1947 年才被指定为美国国家公园。到 20 世纪中叶，城市扩大和工业发展产生了深远的影响，尽管最具破坏性的还是糖田的扩张。糖再一次成了导致美国珍贵的栖息地退化的催化剂，这引发了一场将糖田恢复到自然状态的环保主义运动，并最终演化为政治运动。在撰写本书时，佛罗里达州试图以 17 亿美元的价格回购糖田，但该谈判却陷入了僵局之中。

在古巴革命和战时受保护而幸存的美国糖业市场的推动下，不出一代人的时间里，佛罗里达州的制糖业便与旅游业一同兴起，成为该州的主要产业之一。这一切给佛罗里达州的劳动力以及大沼泽地脆弱的生态系统带来了严重的后果。糖再一次“不负众望”地成为自然栖息地的一种威胁、一个惨无人道的雇主、一种给消费者健康带来灾难性后果的产品。这一点，我们即将在后文中详述。

从很多方面来说，最近有关佛罗里达州糖的故事都是两个世纪前欧洲殖民地糖史的升级版。17 世纪，种植糖料作物改变了加勒比海地区的生态环境。20 世纪后期，它同样威胁到佛罗里达州大沼泽地地区的生态环境。尽管与奴隶制相比，对劳工剥削的程度明显减弱，佛罗里达州的制糖业同样引发了一个悲惨的劳动剥削故事。它残忍无情，且有辱人格。在佛罗里达糖田工作的临时工人的境况引发了一系列的法律案件。引进移民劳工是规避当地劳动法的好方法；而一旦出现不满或抱怨的迹象，雇主可以立刻转移这些移民劳工。

最糟糕的情况是在 20 世纪 80 年代，雇主动用警察来驱散甚至殴打罢工的工人，然后将他们打发回家。

与此同时，该体制创造了惊人的财富。20 世纪的佛罗里达州糖料种植园主的生活自成一派，他们享有的财富和资产就连 18 世纪的糖业大亨们都自愧弗如。同样地，佛罗里达州主要的糖业大亨们的财富，使他们能够奉承那些政客，并反过来受到政客的追捧。两百年前，种植园主就像在印度发大财的欧洲人一样，在他们的家乡充分利用其政治影响力，以捍卫他们的糖业利益。佛罗里达州的巨头们也如法炮制。无论是在本地区还是在州一级，他们都是美国政界的重要角色。生态学家们在遏制大沼泽地生态退化方面的努力，却面临着巨大的政治障碍，这丝毫不令人意外，但他们仍在努力。现代环保主义运动的兴起，使公众看到了糖的侵入以及城市发展对大沼泽地造成的破坏，但成效却十分有限。正如糖本身的故事一样，那些从糖中获利最多的人，即那些种植甘蔗、加工和销售糖的人，在追求更大产量的过程中从未松懈过。

整个 20 世纪，美国政府及社会各界都对糖兴趣盎然。但为什么会这样呢？糖又有什么特别之处，能引起美国政府这般的兴趣和干预呢？对于一个局外人来说，这种热带商品竟然成为一个敏感的政治问题，甚至是战略问题，看起来十分怪异。然而，在 17 世纪到 19 世纪，欧洲的糖业经济就是如此。20 世纪的美国也不例外。

自建国伊始，美国政府就在美国糖业的故事中扮演着重要的角色。在1789年到1891年的一个多世纪里，美国对进口糖征收关税，以增加财政收入。19世纪，美国进口关税占政府收入的三分之二，其中糖税占比高达20%。对进口精糖课以重税，保护了美国的精糖制造者，而对粗糖征收关税则旨在保护美国的甘蔗种植者。1890年以后，新的关税达到了其预期效果，成功刺激了美国国内制糖业的发展。此后，古巴糖涌入美国东海岸的精炼厂，糖和糖税融入美国政治、法律乃至全球政治的血液之中。美国的食糖政治对夏威夷和古巴的经济和政治稳定产生了重大影响，在两地都引起过冲突，并最终对它们强行施以直接控制。显然，导致1898年战争爆发的原因，即外交和经济的动荡，是一个复杂的酝酿过程。糖是其中的决定性因素。

1898年美国强占（虽然有的只是暂时被占领）菲律宾、夏威夷、古巴、波多黎各等新的海外殖民地之后，美国已经成长为一个主要的帝国主义全球大国。奇怪的是，糖仍是美国试图平衡其国内外利益和债务的主要考虑因素。1900年，在美国国内及国际贸易中，没有其他食品像糖这样重要。

20世纪初，糖不仅与糖精炼厂和制造商的既得利益息息相关，对整个美国经济来说都至关重要。这是经济和社会生活的一个整体特征。任何威胁糖的供应或影响其价格的事情，都可能对美国人的生活造成严重的破坏，其政治后果无法估量。“一战”期间，这一点在欧洲及美国地区得到有力的印证。

糖曾经是国际事务中如此重要的一个议题，这在今天看来很是怪异，甚至令人难以置信。然而，在当时来说，这是毋庸置疑的。有关糖的争论，并不仅仅局限于专业杂志或既得利益集团。“糖问题”是一个极具争议性的话题，具有深远的国际影响。糖不仅仅是一项美国国内事务，它还是一个显著的国际问题，涉及新领土的权利和殖民国家的责任。1897 年，《美国评论月刊》发表了一篇题为《糖——今日美国的问题》的文章。[36]

1900 年，报纸和杂志纷纷就糖的问题展开了广泛的讨论。它既是政治争议和经济理论的起源，也是政治阴谋和重大外交方针政策之所在。一个世纪后，情形依旧。古巴和美国背负着沉重的共同历史遗产进入了 21 世纪，而这恰恰是从糖的故事中孕育和滋养而来的。

第 12 章　战争与和平时期的“神药”

几个世纪以来，欧洲的奴隶制帝国确信，都市腹地的人们是糖的狂热消费者。奴隶制废除后（当时英国人举办了一系列声势浩大的庆祝活动），人们对一切甜食无法抑制的渴望却遗留下来。从早已存在的奴隶殖民地和新开发的热带殖民地产出的蔗糖，加上欧美不断扩张的甜菜产业所生产的甜菜糖，满足了人们对甜食的嗜好。英国进口了大量产自德国的甜菜糖，但随着“一战”的爆发，一切戛然而止。[1]

糖在英国是一项重要的产业，其重要性从许多英国港口城市的炼糖厂中可见一斑。伦敦是英国炼糖厂的发源地。随着该行业的快速扩张，炼糖厂渐渐扩散到英国的许多重要港口，如利物浦、布里斯托尔和格里诺克，尽管大多数炼糖厂仍坐落于伦敦。1851 年，约有 1 200 名“精糖制造者”在伦敦工作。[2] 像其他大多数产业一样，随着现代技术的兴起，这个产业在 19 世纪发生了变化，大大加速了廉价砂糖的加工过程。曾经，人们花费数周时间才能制成几块棒棒糖；如今，伦敦的现代炼糖厂只要短短几天就能产出成吨的砂糖。[3]新的机器还可以大量生产一系列新型的糖果和巧克力。过去缓慢的手工劳作，现在迅速地被机器替代。正如机器制造商亨利·韦瑟利（Henry Weatherley）在 1865 年所言：“在过去 25 年里，英国的甜食消费量大幅增加（甜食主要由糖制成），这主要得益于机械化带来的低廉的生产成本和先进的生产设备……”原来手工制作硬糖需要花费半个小时，现在一台机器仅需 5 分钟就能完成。[4]

伦敦与汉堡一起，成为全球主要的糖业贸易中心。伦敦东区制糖厂星罗棋布，主要在白教堂地区和商业路沿线地带一字排开。[5]但随着制糖技术的发展，它们的数量有所下降。1864 年，72 家英国炼糖厂共加工了 50 万吨糖；到了 1913 年，炼糖厂减至 13 家，但是产量却超过 100 万吨。[6]1850 年后，科学技术的变革改变了欧美人的饮食习惯，于是，数百万人养成了新的城市饮食习惯，他们所有的食物都是通过现代机械产出并通过新的运输系统迅速配送的。无论在哪里，廉价的砂糖都是这些工业食品的核心。[7]

糖低廉的生产成本，以及 19 世纪中叶伊始自由贸易时代的到来，使糖得以巩固其作为英国饮食核心成分的地位。1810 年，英国人年均食糖量达到 18 磅（8.16 千克）。到了 1850 年，这一数字翻了一倍，达到大约 30 磅（13.6 千克），并在 19 世纪后半叶随着时间的推移而持续增长：19 世纪 80 年代达到 68 磅（30.8 千克）；1900 年至 1909 年为 85 磅（38.6 千克）；在“一战”前夕，增长到令人惊讶的 91

磅（41.3千克）,这几乎是德国人均食糖量的一半。[8]到了20世纪中叶，这一数字进一步增加到110磅（50千克）。此时,尽管糖消费量惊人，但由于工厂现代化与企业之间的合并，20世纪70年代英国炼糖厂的数量从1900年的13家下降到7家。

如此巨大的糖消费量，连带着蔗糖和甜菜糖的进口额，不可避免地引起了政府的关注。关于进出口关税、保护产糖殖民地和（或）自由贸易之间的争论，使得糖成为20世纪一项重要的政治议题，一如18世纪那样。在英国和美国，糖都是其国民饮食的基本成分，因此也始终是其议会和国会激烈的政治辩论的焦点。[9]

英国人一直都很喜欢吃糖。到了1900年，整个西方世界彻底对糖上了瘾。在全世界各个角落，无论是北美，还是澳大利亚日益扩大的社区以及西欧的主要国家，社会各阶层都在大量地消费着糖。

澳大利亚人拔得头筹，1900年人均食糖量达到107磅（48.6千克），英国人紧随其后。这个非同寻常的根植于殖民地历史的故事，由于甜菜糖的出现而发生了改变。到了19世纪中叶，甜菜糖已取代蔗糖成为欧洲甜味剂的主要来源。甚至在20世纪初的英国，80%的糖来自欧洲的甜菜，其中大部分来自德国和奥地利。此外，英国废除了对糖的进口税，这极大地鼓舞了进口糖贸易。其结果是，英国的糖比欧洲的糖便宜得多。[10]

19世纪中叶，由于城市和工业的发展，糖的地位获得了提升。事实上，现代工业社会消耗了前所未有数量的糖。回到1936年，一位农业学者曾声称，糖消费量的增加是“过去 100 年来全国饮食最重要的变化”。[11] 造成这种情况的部分原因是因为糖价下跌。这主要得益于关税的取消和产量的上升，以及在基本食物的工业生产中也会加入大量的糖。糖成了其他食品和饮料的主要添加剂，就像几个世纪以来人们一直向茶和咖啡里加糖一样。人们并不直接食用糖，他们将糖添加到其他食物和饮料中。英国人无论从商店还是街头小店买什么食物，茶、面包、面粉、培根或果酱，他们都会再买些糖。用经济学家彼得·马赛厄斯（Peter Mathias）的话来说，糖是“最佳的调味品”。[12] 如今，制造商在食品还未送达客户手中以前，就在其中加入了糖。面粉中加点糖，便成了这个国家的面包；啤酒中加点糖，便成了人们一饮而尽的桶装啤酒；蛋糕、饼干、巧克力和糖果中也加入了大量的糖。也许最重要的是，糖加入到了果酱的制作中，而果酱的使用范围大得惊人，已成为英国人饮食的主要特色，对于较为贫穷的那些人来说尤为如此。果酱工厂在英国各个城市破土而出，它们通常都雇用廉价的女性劳动力。果酱公司从水果农场发展而来。它们充分利用新的罐装和瓶装设备，并在 19 世纪后期开始生产果酱。例如，Chivers & Sons 牌果酱从一家名为东圣公会的水果农场发展而来，最终成为英国最主要的果酱生产商之一。邓迪市基勒公司制作的橘子酱可能是最出名的。这种果酱的制造几乎出于偶然，只是因为 1864 年塞维利亚的橘子出现了滞销情况，他们便决定将其制成橘子酱。他们还使用了新的罐装和瓶装设备。[13]1871 年，立顿公司在格拉斯哥开设了第一家店铺；至 1914 年，他们在英国共有 500 家分店，均以工薪阶层为目标客户。他们最畅销的产品之一便是果酱，有着各种各样的口味，都是在自己的工厂用自家农场种植的水果制造的。但是，果酱的制造过程中总会加入大量的糖。

1892 年，位于伯蒙赛的立顿果酱工厂生产了大量的果酱，有着不同的口味和重量，并通过声势浩大、引人注目的广告和促销活动进行推广。[14] 其结果是，到 19 世纪末，工薪阶层，尤其是女性和儿童的饮食似乎都依赖于糖，包括甜茶、果酱和面包。从伦敦东区到约克郡贫民窟，针对城市贫民的社会调查一再证实了对最贫穷的英国人来说，糖和果酱是不可或缺的食物。数百万人发现，他们的基本食物是就着甜茶，吃着那些用面粉和糖制成的抹了甜果酱的面包。19 世纪后期，新兴的牙科行业发现工薪阶层家庭的孩子普遍出现了龋齿的情况，这或许就不足为奇了。尽管如此，医生们还是认为糖是劳动人民重要的能量补充物："作为一种肌力生产物质，其真正的价值尚未得到充分认识。"[15]

对于有一点闲钱的人来说，有很多新食品可供享用，尽管新型工业食品中常伴有大量的糖。蛋糕、饼干、糖果、巧克力、果酱和糖浆从食品行业的新工业厂房里纷至沓来。新零售店的货架上美食琳琅满目，诱惑着英国消费者们。谷类早餐（1899 年凯洛格博士在美国发明的"健康食品"）迅速成为早餐桌上必不可少的食物。但谷类早餐同样也加入了大量的糖。到 1912 年，有 60 种品牌的谷类早餐可供英国人自由选择。[16] 但是，在 1914 年以前出现的所有新食品中，极少有产品能在影响力和规模上与奶糖类产品相匹敌。

那些年来，最引人注目的可能是英国一些大型巧克力公司取得的巨大成功，如福莱、吉百利和朗特里。它们拥有现代化的工业技术生产线和配送系统，并在大型工厂中进行生产，因而产业发展兴旺。其中，朗特里还建立了自己的铁路线，将工厂与铁路主干线连接起来。他们还在邻近的“示范村”为工人提供住房。他们生产的几乎所有产品，尤其是巧克力和糖果，都含有大量的糖。1914 年前后，这 3 家公司的营业额超过 100 万英镑。在广告牌、报纸、建筑物的侧面以及各地的公共汽车上，都能看到它们最畅销款的糖果和巧克力的图案。[17] 在随后的战争中，巧克力巨头们确保了战壕中的军队能够定期收到他们最喜欢的巧克力和糖果，一如曾经的布尔战争那样。

与巧克力制造商一样，英国主要的蛋糕和饼干制造商也崛起于“一战”的前几年。如今，我们对其中许多产品的名字仍耳熟能详。尽管它们常因被跨国企业集团收购而失去了自身的企业身份，但是其商品名称仍存留至今。在那些年里，英国成为一个嗜好饼干的国度。1900 年，亨特利—帕尔默饼干厂生产了 400 种饼干；皮克·弗朗斯饼干厂则生产有 200 种饼干。这些产品被摆放在杂货店的货架上，旁边就是一排排大型现代化工厂生产的果酱、金狮糖浆、高甜度的罐装炼乳、巧克力和糖果。所有这些产品，以及许多其他的产品，都很便宜，并添加了大量的糖。

它们占据了英国糖消费量的很大一部分份额。据估计，普通英国民众每周消耗约 11 盎司（312 克）的糖。[18] 到了 1938 年，英国家庭直接食用的糖达到 110 万吨，另有 30 万吨的糖则被用于制造糖果产品。[19]1880 年至 1914 年，全面扩张的糖果业生产了成吨的饼干、蛋糕、糖果和巧克力，此时英国人均食糖量增加了三分之一，从 68 磅（30.8千克）升至90磅（约40.8千克）。[20] 通过糖果、巧克力、蛋糕、饼干等甜食，英国人消耗了大量的糖。

1914 年，“一战”的爆发改变了一切。糖是如此重要，以至于在宣战后的几天内，英国政府就成立了皇家糖供应委员会。这一重要的事件标志着英国政府参与糖的采购、分配和定价，而此后该现象在 20 世纪的大半个世纪中一直延续着。这一举动最能说明糖在英国人民的饮食、政治和经济中占据的主导地位。[21] 当然，这只是战时英国干预社会和经济生活的体现而已。为了取得“一战”的胜利，英国需要干预并控制各类商业活动，这在和平时期是不可想象的。回顾过去，我们清楚地看到，这种国家干预行为在 1939 年之后变得更为显著和普遍，而且不会轻易被消除。英国政府在许多别的方面也继续着这种干预行为，他们认为管理好这个国家的糖的问题至关重要。

为弥补欧洲甜菜糖供应的减少，英国政府从世界其他地方，如爪哇、毛里求斯、古巴和其他加勒比海岛屿搜寻糖料来源。对糖进行限量配给是不可避免的，这导致英国工人的抱怨贯穿整个“一战”期间。[22] 虽然战时的限制令消费者感到苦恼，但英国政府提供的援助和补贴对其国内甜菜种植者和糖精炼商来说却是一个福音。在其后的 60 年里，英国制糖业在政府的支持下蓬勃发展。[23]

1914 年至 1918 年，英国庞大的军事系统耗费了大量的糖，以供养士兵和水手。尽管存在着食糖配给限制，但主要的甜食制造商们，如果酱、饼干、巧克力和糖果的制造商，仍然忙着生产食糖，为数百万名士兵提供他们在和平时期习以为常的甜味必需品。在军队的基本食品中，果酱、朗姆酒和糖的地位突出。当英国著名诗人罗伯特·格雷夫斯于 1914 年离开公立学校加入军队时，他在前线的第一顿饭就包括“面包、培根、朗姆酒和加糖的苦茶”。[24] 茶、面包和朗姆酒都有从甘蔗中萃取的糖。在“一战”前夕，朗姆酒是至关重要的。灌上一点酒精，给予男人“跳出战壕”所亟须的勇气，赋予他们直面战争之恐怖的决心。

战时的食糖短缺给了英国人一个教训。“一战”后的几年是英国糖精炼厂的繁荣时期，正如从前的美国那样。英国政府急于吸取战时的教训，从 1921 年起就大力发展甜菜产业，以避免从前因过于依赖欧洲甜菜而产生的问题。与此同时，他们加大了从其他英联邦国家进口蔗糖的份额。英国开始从新的渠道进口糖，如澳大利亚、南非和斐济。尽管英国的甜菜产业在战后经历了一段艰难的时期，但主要得益于政府的帮助而存活了下来。最终的后果是，糖的生产大量过剩，因此需要在糖料种植者、精炼者和政府官员之间采取政治和经济方面的平衡举措。实际上，英国政府对糖业给予补贴，纳税人的钱进入了种植甜菜的农场主的口袋。不知不觉间，甜菜糖出乎意料地成了英国农业和消费不可或缺的部分。多亏了纳税人，甜菜农场主和制糖厂才得以为英国人民提供前所未有的大量食糖。在此过程中，主要的糖精炼厂主成了这个国家的一股真正的力量。他们攫取了巨额的财富和巨大的影响力，逐渐打通一系列的商业渠道。

直到二战食品配给制实施之前，英国的食糖消费量从未停下增长的步伐，在 1880 年到 1939 年增幅高达 50%。1900 年至 1936 年，英国的糖消费量增加了 5 倍。此间糖价下降，糖成了英国饮食中与小麦和土豆一样重要的碳水化合物的主要来源。

尽管劳动人民需要依靠糖来获取日常劳作所需的能量，但在 20 世纪 30 年代末，英国社会各阶层糖的消费量相当均匀。它是整个英国食品制造业的重要组成部分。实际上，此时英国大约 40% 的糖都用于工业加工食品。从巧克力到谷物早餐，含糖食品随处可见，因为它们都代表着现代人需要着手解决的饮食问题。[25]

20 世纪早期，现代营养科学的发展，如维生素、氨基酸和矿物质的发现，给上述饮食问题增添了一个新的维度。这些为科学家和医务人员研究英国营养状况提供了渠道。与此同时，相关人员对英国人口的贫困程度和水平，以及身体健康状况进行了持续性的社会调查和分析。从伦敦的查尔斯 · 布斯（Charles Booth）到约克郡的西伯姆·朗特里（Seebohm Rowntree），再到 1914 年前劳合·乔治（Lloyd George）和丘吉尔着手将英国建成一个福利国家时，已经出现了大批分析英国贫困的性质及其原因的文献。现在人们普遍认为，英国四分之一到三分之一的城市人口属于贫困人口，存在膳食不足的情况。新兴的营养科学渐渐证实，仅仅通过给人们提供更多的食物并不能解决这一问题；他们需要的是种类不同的更好的食物。

义务教育使整个问题变得更加受人关注，因为每个孩子都要接受医学和牙科专家的检查。专家们的发现令人担忧。从 19 世纪 80 年代开始，社会和医学研究员积累的调查发现明确指出，英国的穷人，包括战争中数百万的失业者，需要更好的食物，如“牛奶、新鲜蔬菜、肉类、鱼类和水果”。在英国政府财政紧张的时候，或更重要的是，在政治家也不愿关注它的时候，这类争论通常会无人问津。只有在经历了二战期间政府对公民生活施加了深远的干预之后，并在 20 世纪 40 年代后期建立了现代的福利国家制度之后，营养福利方面的教训才真正开始在英国人民中发挥作用。

食品科学分析的发展，引起人们对英国饮食中的糖，甚至是糖本身性质的巨大怀疑。大量研究表明，糖是“完全不含矿物质和维生素”的。而且很明显，食用过多的糖会损伤儿童的牙齿。当工业制造的含糖食品和饮料占据了英国国民饮食的主导地位时，很显然，英国人民的牙齿也在经受着糖的腐蚀。[26]

“二战”的爆发，以及整个战争冲突期间残酷但却必要的食品配给制，再次强化了糖在英国饮食中的重要性。同其他进口食品一样，糖的主要问题是供应不足。欧洲的甜菜糖行业再一次被德国控制，虽然从热带产糖地区进口的蔗糖有盟军护航舰的保护，但还是面临着遭到敌对国潜艇袭击的巨大危险。糖的配额立即被定为人均每周12盎司（340克），在今天看来这个量似乎足矣。食品制造商所获得的比例也被限制在战前的消费水平。英国的甜菜糖产业扩张得到了支持，农场主、炼糖厂和政府之间制定了错综复杂的财政计划。一个被复杂的政治和财政计划所控制的英国制糖业逐步形成，以规范糖的生产和销售。“二战”结束后，这种制度仍持续了很长时间。[27]

在英国，糖的限量配给始于1940年1月，除曾短暂中断之外，一直持续到1953年。1942年，一项法案将英国的糖业纳入粮食部某一分支机构的管辖范围之内。随着战时时局更加艰难，特别是当德国潜艇似乎要赢得“大西洋之战”时，英国政府进一步削减了糖的配给额。个人日记中记录了人们当时的情绪。凯瑟琳·海伊（Kathleen Hey）是迪斯伯里的一名店员，她在战时日记中写道：“由于粮食，特别是糖的配额被削减，人们的抱怨声持续不断。他们想要更多的糖，这种欲望比想要更多的茶来得更强烈。”人们普遍认为男性消费了更多的糖，他们平均每杯茶要加两到三勺糖。男人，在她看来，“就是糖的吞噬者”。[28]

英国政府与当时英国糖业的主导者泰莱集团（Tate and Lyle）联

手控制着糖。这种控制是极具干扰性的英国国家体制的一部分，即使在 1945 年和平重现之时，该制度仍很难废除。例如，英国人对巧克力和糖果的喜爱根深蒂固，甚至达到了贪婪的程度，以至于当 1949 年这些物品的配额制被取消时，人们迅速重燃过盛的需求，最终配给制不得不再度施行 4 年之久。具有讽刺意味的是，战后的英国人比 1939 年之前更加嗜好含糖食物。糖消费量持续上升，1958 年人均食糖量达到 115 磅（52.4 千克）的顶峰。虽然此后这些数字有所下降，但直至 20 世纪 90 年代末，人均食糖量仍维持在惊人的 40 多千克的水平。[29] 英国人进入了战后的物质繁荣期，他们对甜食和甜饮尤为依恋。

此时，英国糖业由泰莱集团主导。该集团于 1921 年由两家早期的商业竞争对手组建而成。制糖业在英国人生活中是如此重要，以至于战后英国工党政府将其列入基础产业的国有化清单之中。工党计划将糖业国有化，与铁路、煤炭、钢铁和卫生行业一样。这一事实最清晰地表明，糖在整个英国社会中的重要性。糖业已经悄悄地嵌入了英国人生活方式的核心之中——他们似乎离开糖就无法生活。他们摄入的糖越来越多地来自庞大的食品和饮料制造业。该行业也对糖产生了依赖性。艾德礼领导的工党政府认为，将糖业纳入国家所有制之下是合理的，但泰莱集团及其股东自然会抵制这种做法，并打着“泰莱不属英国所有”的口号，发起了一场强有力的宣传和公关活动，以阻止英国对糖业实行的控制。该公司还进行了彻底的重组，以保护股东的投资免受英国政府的把控。“方糖先生”是泰莱集团在活动中推出的一个绝妙的品牌形象。在英国政府尝试国有化的方案失败以后的很长时间里，该商业形象仍然极富影响力。[30]

然而，这个故事的讽刺性一如既往。曾几何时，英国政府通过保护和补贴的方式支持和捍卫了英国的制糖业。事实上，那个时候糖业完全依赖于英国政府的支持。纵观整个 20 世纪，英国的糖业在和平时期和两次世界大战期间都一直蓬勃发展着，此间政府就像父亲一样扮演着保护者的角色。从海外进口糖以保证供应，为国内甜菜种植者提供经济资助，以及通过财政部担保贸易的方式保护精炼糖行业，英国政府一直细心地捍卫和保护着英国人民对糖的嗜好。然而，方糖先生现已部署就绪——他的脸在公共汽车侧面、海报、报纸广告以及糖袋上随处可见以抵抗这个曾经拯救了英国糖业的政府。如果没有英国政府的关注和财政支持，糖可能永远都无法成为英国饮食的核心产业。[31]

在和平时期，英国以战时积累的经验为指导，继续着对糖业的支持。当英国政府与英联邦国家的糖制造商达成协议后，分配给精炼厂的蔗糖和甜菜糖的数量得到了保证，对于种植甜菜的农民来说，其甜菜配额和价格也受到了保障。英国政府还成立了“糖业理事会”来管理整个系统，精简了人员数量，也减少了行业纠纷。但是，自 20 世纪 70 年代起，甜菜糖取代蔗糖成为食糖的主要供应源后，这一切发生了改变。英国加入欧洲经济共同体暨后来的欧盟后，带来了深远的影响，也给糖业带来了更加巨大的变化。

20 世纪末，英国人对甜食的喜好不再那么明显，但仍然固执得令人惊讶。糖是英国社会生活中不可分割的一部分。但是，随着英国很晚才加入欧盟，企业和政府之间在全球交易方面的政治安排即将发生改变。糖业进入了一个纷繁复杂的国际交易和谈判过程，该过程盘根错节，令人困惑，三言两语无法解释清楚。这一切都是因为糖——一种在 20 世纪末引起医学界广泛担忧的产品。

第 13 章　肥胖问题

在过去 30 年，肥胖的程度及其明显持续上升的势头引起人们越来越多的关注。肥胖一词通常被宽泛地用于描述那些明显超重并且体脂比例高的人群，但医学上普遍认可的定义是指身体质量指数大于或等于 30 的人。据世界卫生组织估计，2015 年，世界上约有 20 亿即近三分之一的人口被列入超重行列，其中约 6 亿人被临床诊断为肥胖。更令人担忧的是，这一数字是 1980 年的两倍。

肥胖并不仅限于西方国家，成百上千万肥胖人士遍布在全球各地。在确定这一全球性问题的成因时，医学专家几次三番地将矛头指向糖这个罪魁祸首。长期以来，人类一直以史无前例的数量消费着甜味剂，其结局必然是人们的体重不受控制地显著上升，而且患者的健康问题令全世界的医疗机构都感受到了巨大的压力。因此，采取政治行动来扭转这种态势的要求变得日益迫切。

肥胖问题如此普遍，其蔓延又如此快速，以至于人们很容易将肥胖视为一个现代社会独有的问题，一件前几代人知之甚少且鲜有讨论的事情。然而，事实并非如此。在过去，超重人群就经常被议论和描述，而且常被嘲笑。几个世纪以来，超重人群一直是人们辱骂和蔑视的对象。若要认真地思考肥胖问题，秉持更长远的历史观是很有必要的。不如来听一听孩子们的故事吧。他们有自己的方式来感知流行的态度和情绪——虽然有时候是以最为苛刻的方式。

多年来，超重儿童一直是校园内被残酷捉弄和嘲笑的对象。描述超重儿童的绰号清单很长。我们多数人也许还记得童年时代的这些名字。如果没有，我们可以看看艾娜·奥佩（Iona Opie）和彼得·奥佩（Peter Opie）夫妇关于 20 世纪中期英国儿童游乐场的语言和游戏的著名研究。奥佩夫妇记录的绰号往往是粗鄙和残酷的。对于不幸遭受到这类刻薄话语攻击的受害者来说，他们可能会认为这些外号存有恶意且令人极度沮丧。谁会喜欢被叫作气球、水桶、巨人、福斯塔夫（莎士比亚作品中的喜剧人物）、肥肚子、贪吃鬼、摇摆果冻、油团、小猪、肥猪、梅子布丁、压路机、浴缸呢？又有哪个女孩儿愿意被称作贝茜胖墩儿（Bessy Bunter）、胖蒂玛（Fatima）或浴缸贝林娜（Tubbelina）呢？同样，因为大家总把贪吃和超重视为一回事儿，尖刻的绰号也用在贪吃的孩子身上，如馋猫、垃圾箱、小猪、饥饿肠子。但相反，虽然贪吃的或瘦弱的孩子往往不会招致形容超重儿童那般残忍对待，但类似伤人的绰号还是会丢到瘦弱的孩子们头上。似乎孩子们在 6 岁的时候就已经对大块头的人有自己的看法；研究表明，总的来说，他们不喜欢肥胖儿童。所有这些都是极其复杂的流行文化的一部分。在学校操场上，在课外的空闲时间里，这一切在孩子们的玩乐中方兴未艾。[1]这种对超重儿童的“诙谐的敌意”也反映了一种更为深刻的、近乎永恒的取笑肥胖人群的文化。

虽然关于现代人肥胖的故事并无幽默之处，但是肥胖和明显超重的人却一直遭人嘲笑。英国文化中充斥着有趣的肥胖角色，他们成为文化景观中经久不衰、声名远播的人物。最著名的可能当属福斯塔夫了——他大腹便便、自吹自擂、自高自大、贪得无厌且毫无原则——这是一个充满乐趣的人物，在莎士比亚的 3 部戏剧中对他有着幽默而又深刻的刻画。18 世纪和 19 世纪初，轮到讽刺画家和漫画家来嘲弄超重人群了，尤其是当时那些皇宫和议会中明显超重的显要权贵。我们有贺加斯（Hogarth）画的体重超大的法官，罗兰森（Rowlandson）画的贪吃食客，还有克鲁克香克（Cruikshank）和吉尔雷（Gilray）画的健康圆润永恒的“约翰牛”的形象——这位虚构的英国人物不屈不挠、身强体壮、果敢自信，他以狂热的爱国主义精神挑战所有人，并与一位瘦弱的法国大革命的雅各宾人形成对比。这些肥胖的形象在当时的漫画中频繁出现。

狄更斯在他的作品中塑造了诸多肥胖角色，最令人印象深刻的是匹克威克先生。同样令人难忘的还有路易斯·卡罗尔和约翰·坦尼尔（著名插画家）塑造的一对名叫特威德尔德姆和特威德鲁蒂的双胞胎，他俩的名字迅速成为用来描述无差别的事或人的成语，但本来他们仅仅只是肥胖而已。20 世纪这种文学传统仍在延续，新的人物以有趣的形象出现在英国的流行文化之中，他们因体型或体重而与众不同。奥德里牧师的《托马斯和他的朋友们》系列丛书中有一位“胖总管”；弗兰克·理查兹创作的一部倍受男孩欢迎的连环画中塑造了一位来自格雷弗里亚斯学校的名叫比利·宾特的人物。宾特是一个肥胖、贪吃且令人讨厌的年轻人，他每周出现在《磁铁》（后来改编成电视和电影）一书中，成为一个难以磨灭的文化形象。

几乎在同一时期，他的风头被另一位圆润的人物——一位出现在低俗的海滩明信片上的胖女人——盖过了。她因唐纳德·麦吉尔（Donald McGill）的作品而为人所知：这位丰乳肥臀的女士正在海边度假，支配着她那弱小而惧内的丈夫，这至今仍是海滨胜地的游客们喜欢的明信片。[2] 随着无声电影以及后来有声电影的到来，一位早期受人欢迎的、绰号叫作“大胖”的美国喜剧演员阿巴克尔的名字很快就成为学童们侮辱他人的代名词。

如今，肥胖不再被视为笑点，而被看作严重的问题。我们正经历着史无前例的肥胖水平和程度，大量人口在青壮年时期就已发胖。由于超重人群在某些社群人口中开始占绝大多数，用不了多久，他们都将变得肥胖。按照目前的增长速度，到 2050 年时，美国和英国的大多数人口都可能是肥胖人士。如此大规模的肥胖现象是从未有过的。这些明显超重人群的出现是现代生活中一个显而易见且无法回避的特征，并已经在人们的记忆中逐步形成。不久前，这还是非同寻常的事情；如今，它已变得司空见惯。

超重的儿童和成人，以及各种为满足他们的需求而制造的昂贵设施，现在对我们而言已是屡见不鲜，以至于常常视而不见；似乎这已经成为我们生活中不可或缺的一部分。与此同时，肥胖正造成一系列的全社会性的问题，其中最紧迫的是几乎无穷无尽的相关疾病和身体虚弱。尽管肥胖本身并不是一种疾病，但现代医学却深受肥胖直接导致的各种疾病的困扰和负累。

令人好奇的是，现代肥胖流行病最早是在太平洋岛屿上出现的，岛上的超市和相关的新型生活方式彻底改变了当地人的生活。但是，那些岛屿上的肥胖问题与当时西方社会通常关注的疾病并不相关，以至于当时未能引起注意。20 世纪 50 年代至 70 年代，当肥胖问题开始在南美洲和加勒比海地区扎根时，英国的医学研究人员开始注意到这个问题。同从前一样，它常被人们忽视，因为那时医疗工作致力于消除最为迫切的饥饿和营养不良问题。医生和研究人员的注意力集中在其他方面，因而常常忽视了当地肥胖症的蔓延及后果。人们变得更胖，这乍一看只是为结束这些社群及其他社群曾遭受的饥荒而付出的很小的代价。[3]

在全球化不可阻挡的趋势下，肥胖变得不可避免，此时世界上很多人都变胖了。城市化、汽车运输、电视和现代媒体、现代消费习惯以及西餐的到来——所有这一切都迅速地使许多地区的生活方式西方化了。

然而，乍一看来，现代肥胖症的兴起似乎很神秘。大家的第一反应是责备糖，但这却引发了一个奇怪的问题。大西洋两岸的人们购买的糖比他们的父母和祖父母少之又少，但与此同时他们却变得越来越胖。在 20 世纪末的 20 年间，家中的厨房或食品室中糖的储量远低于从前，人们在食物和饮料中添加的糖也远低于自工业革命以来的其他时期。可是，与此同时，他们却变得越来越胖。

问题的原因在于普遍的饮食习惯的转变。这在今天看来是显而易见的道理，但过去的一代人却为此争论不休。人们不再需要向食物中加糖，食品和饮料制造商们已经这么做了。而且，他们有时加入的糖量足以颠覆你的认知。一旦规模化生产的食品和饮料开始主导人们的饮食，消费这些商品的人就会变得越来越胖。

两名肥胖的学生最近说道："整个世界的人，无论贫富，无论年龄大小，都在变胖。"[4] 我们身边随处可见这些证据，数据令人吃惊。如今，人们比历史上任何时期都身材硕大，体态肥胖。世界各地超重和肥胖的总人数已经足够糟糕的了；或许更糟的是，在这些惊人的数据之中，竟有 1.7 亿未成年人。[5]

只要我们愿意去看一看，证据同样是显而易见、不可回避的，即使它可能不太科学。超重和肥胖人群是现代生活的一个标准特征。这在西方，尤其是美国最引人注目。但肥胖已经成为一个全球性的问题，在快速发展的国家，特别是在亚洲，肥胖问题同样引人注目。

肥胖问题及其带来的各种严重的健康问题，常常成为媒体争论的起因。儿童肥胖、肥胖导致的疾病、应对肥胖人群消耗的医疗成本、肥胖对医保服务的压力，诸如此类的问题经常成为报纸的头条。例如，我们现在更频繁地听到很难将肥胖乘客塞进航班座位的消息，以及航空旅行中有关经济、后勤和福利方面的考虑。英国国家医疗服务体系（NHS）5 年里共花费了 700 万英镑用于改装设备，如更大的床、轮椅和停尸台，用于满足肥胖病人的需求。NHS 还设计、改装了 800 多辆救护车。[6]

设计师、建筑师和规划师不得不考虑人们体型增大的因素。当洋基体育场于 2009 年再次开放时，比 1923 年少了 4 000 个座位，这是因为球迷们的平均体型日益增大，因此需要更加宽敞的座位。从前的座位宽度为 18—22 英寸（46—56 厘米）；如今，改成了 19—24 英寸（48—61 厘米）。这样的改变看似微不足道，但在现代美国生活的各个角落都有处可寻。机构和企业都在想方设法适应美国人民不断变胖的体型。普吉特湾的渡轮也增加了座位的宽度；科罗拉多州的救护车配备了卷扬车以应对过重的病人。殡葬业从业者也不得不制作更大的棺材来容纳肥胖的尸体。标准尺寸的棺材为 24 英寸（61 厘米）宽，但现在人们可以买到超大尺寸的棺材，其宽度为 37 英寸（97 厘米）。

这些证据并不科学，甚至可能有些小题大作，但它们却是美国人日益肥胖这一重要问题的简单快照。潜在的根本问题很简单，却很严重。据估计，三分之一的美国人属于肥胖人群，而这一数据在仅仅 30 年间就增加了 1 倍。[7] 目前，美国三分之二的人口超重。[8] 没有一个州的肥胖率低于 20%，12 个州的肥胖率据称达到 30%，而且情况还在恶化。据估计，2030 年美国将有超过 6 500 万肥胖人口。

在任何表格中我们都能找到这些人口统计的铁证。其中，美国疾病控制与预防中心的美国国家卫生统计中心的分析也许是最有权威的。在 2002 年之前的 42 年里，美国成年人的平均身高增长了 1 英寸（约 2.54 厘米）。但在同一时期，美国男性的平均体重从 166 磅（约 75.3 千克）增加到 191 磅（约 86.6 千克），女性的平均体重从 140 磅（约 63.5 千克）增加到 164 磅（约 74.3 千克）。儿童的身高和体重也呈现出类似的增长。[9] 2003 年，美国成年人中肥胖人口约占 32%；仅仅 10 年之后，肥胖率就上升至 38%。据估计，2010 年超过 65% 的美国人要么超重，要么肥胖。不同族裔的差异很大，其中非洲裔美国成年人的肥胖水平高达 48%。女性的处境更糟，2011 年至 2014 年 57% 的非洲裔美国女性属于肥胖人群。[10]

肥胖并不是美国独有的问题，整个西方社会都为应对这一普遍现状付出了重大的代价。从斯堪的纳维亚半岛到美国，各地花费在照顾肥胖患者的医疗费用远高于其他病患。尽管美国各州用于此项的资金数目千差万别，但美国每年为此总共耗费 2 100 亿美元。[11]

现代医学对肥胖的重视程度可通过一个简单的指数来衡量——针对该主题的专业医学文献的出版量大幅增加。现在“肥胖”和“肥胖症”这两个词频繁出现于医学和学术文献中。实际上，在

2007 年 8 月之前的 10 年间，发表的文章和出版的书籍的标题中出现“肥胖”这个词的频率不少于 19 770 次。2002 年至 2007 年短短 5 年内，近 13 000 部相关作品问世。[12]

21 世纪初，美国的肥胖水平引起了其政府高层巨大的恐慌。该数字的影响力不亚于美国卫生总署署长发布的《关于采取行动预防和减少超重和肥胖症的呼吁》。甚至美国农业部也参与其中，并解释了从 1970 年至 2010 年，美国人消耗的卡路里数字如何上升了 25%。这相当于每天额外吃一餐饭的热量，其直接原因在于我们消费的食物类型。简而言之，美国人已经养成了不健康的饮食习惯。虽然美国人的确在喝低糖的汽水，但由于糖被添加到了高度工业化的食品中，他们实际的糖消耗量仍然保持很高的水平。[13]

美国为我们展现了糖作为现代肥胖元凶的一些极端例子，而其他国家也正在迅速追随着美国的步伐。这主要是因为全球饮食发生了戏剧性的转变，人们从传统的、本地的，一般来说相对健康的饮食转向经过深加工的西方食品和饮料。在此过程中，肥胖在全球落地生根。墨西哥人担心他们的孩子成为全球最肥胖的人。[14] 根据世界卫生组织 2005 年的一份报告，在印度德里的中产阶级社区，32% 的男性和 53% 的女性被认定为肥胖。事实上，印度每 5 个人当中就有 1 人超重，而据估计印度 75% 的外资都用于食品深加工。[15]

上一代才开始接触西方食品的中国，现在有 3.5 亿人超重（其中 6 000 万人被视为肥胖），约占中国人口的四分之一。有人认为中国同时约有 1 亿人营养不良。这提醒我们，即使在同一时期，肥胖和营养不良会并存。[16]

法国的肥胖率从 1992 年的 5.5%飙升到 2009 年的 14.5%。[17] 即使如此，英国在欧洲各地的肥胖排名中仍居榜首，紧随其后的是其邻国爱尔兰。30 年——仅仅是一代人的时间，全球肥胖率增加了 2 倍。按目前的增长率，2050 年将有一半人口被肥胖困扰。最近的一篇文章称英国为“欧洲的胖子”，这么说的理由是非常充分的，因为在 2013 年每四位英国人中就有一人被视为肥胖。医学研究者认为，英国业已成为一个“肥胖的社会”，在这里超重才是“正常的”。[18] 到 2050 年，英国国家医疗服务体系承担的肥胖和相关疾病的费用预计为 100 亿英镑。[19] 目前的花费已经高达 50 亿英镑。[20]

而更令人吃惊的是它迅猛发展的势头。在美国，仅仅 25 年内超重人数就翻了一倍。[21] 如今，英国人的肥胖水平是 1980 年的 3 倍 : 过去只有 6%的男性和 8%的女性肥胖；如今肥胖人群占英国人口的 25%。肥胖问题显而易见而且无法回避，我想关于肥胖的大致情况已经众所周知了。任何一位未满 30 岁的人可能都难以敏锐地意识到这个问题，个中原因很简单，他们生来面对的情况就是这样。但是，任何一位有洞察力的中老年英国人只需要回忆一下自己的童年就会发现，他们从前的学习、玩耍、工作、旅行、用餐以及娱乐的方式是多么不同。随着英国人变得愈发久坐，愈发少动，愈发沉迷于方便食品和饮料，人们也变得更重，其后果一直困扰着整个社会。

人们如今步行更少，驾车更多。在英国，五分之一的驾车出行还不到 1 英里（1.61 千米）。英国人每天还要花 6 个小时享受久坐不动的乐趣——电视、电脑、阅读以及大规模生产的高热量的含糖食品。由于既缺少活动，又有着不健康的饮食习惯，英国人摄入的卡路里比规定摄入量多得多。

尽管存在性别和族群差异，但肥胖的整体趋势无可争议。肥胖的后果也是毋庸置疑的：肥胖人群存在罹患灾难性疾病的风险。一项国际研究证明，肥胖会导致 2 型糖尿病、高血压、心肌梗死、心绞痛、骨关节炎、中风、痛风、胆囊疾病、结肠癌和卵巢癌。人们还认为，肥胖给肌体施加了很大的机械应力，甚至可能导致睡眠问题、呼吸困难和背部疾病。超重人群所面临的这一系列健康问题称为“代谢综合征”。[22] 此外，他们还需要承受被歧视、自尊心受到伤害和整体生活质量低下的问题。仅在英国，每年就约有 3 万人死于肥胖症，肥胖及其不良影响直接导致的病假和缺勤天数高达 1 800 万天。

当人们要求肥胖儿童的父母解释孩子体型的成因时，他们立即将其归咎为子女的生活方式，尤其是在看电视、使用平板电脑、笔记本电脑或台式机上花费的大量时间。[23] 就是在这连续几个小时内，孩子们接触到生产商设计的巧妙广告，而这些广告中宣传的食品和饮料通常没有任何营养价值，但却富含糖分。

现在这一问题非常普遍，也非常严重，使得卫生服务机构和医学专家联盟经常敦促政府采取行动。他们现在不仅竭力劝告人们选择更健康的生活方式，而且还试图影响强大的商业利益游说团体——一档由探索频道播放的名曰《美食攻略》的电视节目，其产品诱使人们纷纷选择不健康的饮食。这些批评者的目的是减少当今大批量生产和加工的食品饮料中饱含的糖分、脂肪和盐分，这些成分对英国肥胖症的“贡献”如此之大。[24]

虽然很少有人质疑肥胖症迅速蔓延的事实，但对于其确切的成因仍然存在争议，即便在该领域工作的医学和科学专家也莫衷一是。甚至有人将整个问题视为又一种“道德恐慌”，即几个世纪以来出现的困扰人们的周期性社会警报之一。一些社会学家一直热衷于梳理各类在不同的历史和社会环境下出现的大规模焦虑的社会起源。他们曾经研究过巫师、抢劫、足球流氓、摩登派、摇滚青年和艾滋病，如今有些人把注意力转向那些严重超重的人。虽然关于肥胖的争论确实产生了大量的越来越多的科学文献。但其中大部分都各执己见，而且被各种既得利益者的诡辩之词所左右。[25]尽管如此，核心人口的统计证据是无可辩驳的。医生和医学社会学家多次提到有关肥胖患者数量增加的简单但却富有说服力的数据。

其中，最令人不安的是儿童的肥胖程度。警钟率先在美国响起：1995年以前的20年里，超重儿童的数量从15%增加到30%。10年后，研究人员认为肥胖问题在欧洲已经“失控”。英格兰的肥胖增长率是美国的2倍，大多数其他欧洲国家都紧随其后，如波兰、西班牙、意大利、阿尔巴尼亚和希腊。即便法国对其美食和传统生活方式进行了大力保护，但也深陷肥胖问题，类似的问题开始在亚洲出现。日本儿童肥胖率在 1974 年至 1994 年翻了一倍；在泰国，这个数字在 1990 年至 1993 年增加了 3%；1996 年，即使在沙特阿拉伯，6—18 岁的男孩中有 16%患有肥胖症。[26]

将上述这些千差万别的地理位置联系起来的是同一个奇怪但严峻的事实。在低收入群体中，儿童肥胖率增长最快且势头难以扭转。这已经成为一个普遍规律：低收入者往往最容易罹患肥胖。“只有最穷的国家中最穷的居民才是这种宿命性规律的例外……”这些人无钱购买，甚至无处购买新鲜的水果和蔬菜；他们是“苦苦挣扎的家庭”，他们只有“购买糖、淀粉、油等等高能量低成本的加工食品”。一项研究直言不讳地指出：“对于贫困家庭来说，苗条正成为一种无法企及的奢侈品。”[27]

这句话在英国是如此醒目。21 世纪初期的数据令人惊愕不已。2011 年，英国 2 至 15 岁的男孩和女孩中，十分之三是超重和肥胖的。令人惊诧的是，2011 年至 2013 年 62 名 18 岁以下的儿童接受了减肥手术，而在 2000 年这样的手术仅有 1 例。[28] 虽然儿童的总体健康状况在 20 世纪有了显著改善，但到了 21 世纪却出现了儿童肥胖加剧的恶化趋势。美国 50 个州的男孩和女孩均无例外，虽然该问题在非洲裔美国人和美国印第安人中最为突出。同样，照顾肥胖儿童和青少年的医院费用极高，从 1979 年至 1981 年的 3 500 万美元增加到 1997 年至 1999 年的 1.27 亿美元。[29] 此外，美国儿童的肥胖率持续上升；2006 年至 2008 年，6 至 11 岁儿童的肥胖率从 15% 上升到 20%。批评者将矛头指向了糖。美国心脏协会对此深感担忧，因此在 2009 年发布了糖的推荐摄入量："肥胖症和心血管疾病在全球盛行，摄入大量的食糖会加重人们对该问题及其不良影响的忧虑。"推荐的量为：久坐不动的女性最多食用 5 茶匙糖（25 克），男性最多食用 9 茶匙糖（45 克），但他们实际的摄入量为 22 茶匙（110 克），这真让人如坐针毡。这些建议遭到了来自美国食品行业的商业广告商和他们所赞助的科学研究者的猛烈抨击。糖已成为《美食攻略》节目的核心，实际上，它已是一个价值数百万美元的庞大产业的生命线；因此绝不会被医疗游说团体合理但却无效的声明所阻拦。[30]

世界卫生组织的一份报告发现，全世界的儿童肥胖率正在上升，在 5 至 17 岁儿童中肥胖率可能为 2% 到 3%。美洲地区儿童的肥胖率最高（30%—35%），欧洲地区儿童的肥胖率大约为 20%。在撒哈拉以南的非洲地区，儿童肥胖率仅为 1%。"大多数国家的文件记录显示，肥胖症在儿童中的蔓延呈迅速上升之势。"1980 年至 2000 年，儿童肥胖率在澳大利亚、巴西、加拿大、中国、西班牙、英国和美国均急剧上升。报告的结论是："儿童和成人一样，超重和肥胖的现象普遍存在，而且在全球变得更加常见。"[31]

2016 年秋，世界肥胖联盟为我们描绘了一幅儿童肥胖症在世界范围内蔓延的令人分外沮丧的情景。从人口比例来看，太平洋的基里巴斯、萨摩亚、密克罗尼西亚等岛国的肥胖或者超重儿童的数据最为糟糕，埃及则以35%的比例紧随其后。排名其后的国家依次是希腊（31%）、沙特阿拉伯（30%）、美国（29%）、墨西哥（29%）和英国（28%），法国和荷兰也跟英国比较接近。因此，全世界估计有350万儿童患有2型糖尿病，这也就毫不奇怪了。越来越多的儿童罹患与肥胖直接相关的疾病。

从全球来看，自1990年以来，儿童肥胖症的比例已经上升了60%，曾经被视为西方社会特有的问题如今在世界各地重现。仅仅10年内，肥胖或超重儿童的比例就从十分之一增加到八分之一。在英国，儿童肥胖症增长的速度是成人的2倍。欧洲三分之一的肥胖儿童来自英国。美国的问题更加糟糕：据估计，2009年至2010年，32%的美国儿童超重或肥胖。2004年，英国14%的2至11岁儿童属于肥胖儿童。11至15岁儿童的肥胖率上升至25%。至21世纪初，“肥胖已成为新时期儿童期和青春期最常见的疾病”，[32]问题还是饮食所导致的。大多数受害者来自中低收入群体。无论研究人员的目光投向何处，他们所看到的原因一模一样——快餐和碳酸饮料。甚至全球母乳喂养量也下降了，哺乳期的妈妈更加赞成婴儿配方奶粉。今天，世界上有一半的居民生活在城市，其中大多数儿童没有得到充分的锻炼。无论身处何处，他们都喜欢甜味汽水（其销售额在过去10年中增加了三分之一），西式商店的快餐。糖无处不在。

在埃及，人们每天向茶中加满五六次的糖。[33]

糖对肥胖儿童可能产生的医学后果证据确凿：心理健康不良（往往成为霸凌的受害者）、心脏疾病、呼吸困难、炎症、糖尿病、骨骼问题以及肝脏疾病。此外，儿童肥胖不仅带来当下的健康问题，而且为其成年后的肥胖奠定了基础。人们不会因“长大”了，肥胖症就变好了；肥胖的儿童极有可能变成肥胖的成年人，不变的是与肥胖相关的所有疾病。这些疾病都有各自的医学解决方案，但它们的根源——肥胖——与其说是一个医学问题，倒不如说是一个社会问题。

这个社会问题的核心就是饮食。我们都知道，饮食偏好可维持终生不变，而这个简单的事实对于食品和饮料制造商的生产活动、广告商向年轻人推广产品而言，都是至关重要的。广告商和食品制造商都知道，如果他们能抓住孩子的心，培养孩子的兴趣并让其忠诚于他们的产品，他们将终生拥有这些客户。[34]

牙齿问题是儿童不良饮食习惯的早期后果之一，这是由于食用甜食，特别是食用早餐谷物导致的。英国儿童的牙齿健康是一个非同寻常的例子，它表明现代饮食的影响，尤其是其中糖的作用。英国卫生部门越来越担心儿童牙齿健康不佳的情况。事实上，人们早在一个多世纪前就开始担心牙齿问题，但如今他们对儿童的饮食，尤其是对其中的糖的担忧变得更加普遍。即使在 19 世纪牙科学的早期阶段，英国牙医便经常抱怨该国年轻人的蛀牙和糟糕的口腔卫生状况。随着英国在 19 世纪末义务教育制度的确立，以及对学校所有儿童实施强制性的医疗检查，这些问题才引起了人们的密切关注。体检证实了人们长期以来的许多怀疑，如一系列健康问题的存在。当然，这些问题主要是穷人的问题，医生和牙医多次记录了这些人相当糟糕的牙齿健康状况。健康状况欠佳、卫生设施薄弱以及医疗费用的高企，这一切适时地形成了强大的政治推动力，促使英国决心建立免费的国家卫生服务体系，以改善国民健康福祉。尽管战后英国人享有国家医疗服务体系的保障，包括随之而来的 70 年的免费医疗，严重的牙齿问题依旧持续困扰着众多英国儿童。

2005 年，英国皇家外科医学院的牙科专家分院声明，该机构“十分担忧英国儿童的口腔健康状况”。其原因一目了然——几乎三分之一的 5 岁儿童患有蛀牙，而当今 5 至 9 岁儿童入院的主要原因是牙齿问题——有时是“为了在麻醉状态下多次拔牙”。[35]

尽管牙科医疗服务方面尚不完善（某些地区没有为年轻人提供合适的牙科护理），但深层次的问题是欠佳的饮食习惯和养育方式。许多父母竟然一直未意识到鼓励孩子采用适当的牙科保健服务的必要性。定期清洁牙齿、定期去看牙医以及注意孩子的饮食——这些基本的护理尽管看起来平淡无奇，但却需要鼓励。另一份报告中指出，“父母和孩子应接受有关蛀牙的危害和良好口腔健康与预防的重要性的教育”。苏格兰和威尔士成功开展的活动引领着潮流，英格兰需要如法炮制。英国地方政府还需要实施氟化物计划，以补充某些地方此类矿物质的不足。也许最重要的是，该报告敦促“努力提高人们对蛀牙影响的认识，并探索减少食糖量的方法”。

所有这一切的背后都有着一些显而易见且无可辩驳的证据。在入院接受因多次拔牙治疗的 46 500 名英国儿童和青少年中，5—9 岁的儿童占比最多，龋齿是该年龄组儿童做手术最常见的原因。尽管英国人祖孙三代都已享有国民医疗服务保险，而且也是世界上最富裕的国家之一，但英国儿童的牙齿健康状况仍然很糟糕。

然而，牙齿健康状况的问题并不均衡，具有惊人的区域差异。毫不奇怪，这个国家较贫穷地区的年轻人牙齿健康状况最为糟糕。[36] 英格兰西北部（靠一系列日趋衰落的行业和城镇支撑的地区）的儿童牙齿问题比英格兰东南部繁荣地区的问题严重得多。但龋齿问题在英国是普遍存在和显而易见的。牙科专家直言不讳地说：“当口腔问题在很大程度上可以预防时，成千上万的儿童还需要入院治疗才是可悲的。所有这些费用估计可达 3 000 万英镑。”[37]

且不说孩子们遭受的疼痛，他们的牙齿问题还会引发其他重大问题。牙齿出问题会造成饮食和睡眠问题，孩子就会缺课，于是父母不得不请假带孩子去挂牙科急诊。虽然人们普遍认为自 20 世纪 70 年代以来大众的口腔健康状况有所改善，这在一定程度上得益于教育的推动和广泛实施的氟化物计划，但是三分之一的英国 5 岁儿童继续遭受牙齿问题的折磨。[38]

到目前为止，所有这些都还处于牙科治疗的水平。然而，更重要的仍然是如何正本清源；如何根除造成牙齿健康状况不佳的原因；如何避免儿童牙齿腐烂，从而使其免于受苦和承担昂贵的医疗费用。有医学观点再次明确表示：定期刷牙；尽早去牙科检查；并且，至关重要的是，父母应坚持“一个健康的饮食习惯，进餐时限制糖类或酸性食物和饮料的食用量”。因为果汁是酸味的，也含有高糖，因此父母应该尽量只给幼儿饮用水或牛奶。父母也需要注意那些给小孩使用的药物。“如若可能，则只使用无糖药物。”[39]

但是历史总是惊人的讽刺。从古至今，两千多年来，父母会通过在药物中加入蜂蜜或糖，哄诱生病的孩子喝下难喝的冲剂。现在，糖本身就是一个健康问题，这成了公认的观点。

所有关于这一类的医学讨论中，非常清楚的是，英国儿童摄糖量比医疗主管机构建议的量多得多。4 岁到 10 岁的英国儿童每年摄取 48 磅（22 千克）糖，相当于 5 500 个糖块。医疗主管机构建议的最大摄糖量是 8 千克——即使这个数字，还是有部分人认为过量了。[40] 美国儿童面临的情况更严峻。1970 年他们的摄糖量为 27 茶匙（135 克），在 1996 年增加到 32 茶匙（160 克）——所有这些糖甚至在他们购买之前就添加到他们的食物和饮料中了。[41] 由于现代工业化生产的饮料和食物的性质，人们很难了解糖是否被用作一种成分添加，或者其添加量是多少。正如我们所见，糖和其他甜味剂历来被用作食品添加剂。以前，人们仅仅根据自己的口味在食物和饮料中加糖；然而如今，食物和饮料在上桌之前，就已经加了糖（而且添加的量通常很惊人)。最终结果是，糖被发现于“几乎所有食物中，而且是影响口腔健康最重要的因素。这对于自幼就习惯吃糖的儿童来说很成问题”。[42]

含糖食品和饮料的清单广为人知，其中大部分是通过巧妙和内容丰富的广告宣传进行推广的。随着食品的工业化以及制冷和冷却的过程复杂化，这个清单也变得越来越长，更不用说对食品中各种成分进行的化学实验了。很显然，含糖食物包括糖果和巧克力、蛋糕和饼干、水果馅饼和布丁、早餐麦片、果酱和蜂蜜、冰激凌、糖浆水果、甜酱和番茄酱。除了著名的碳酸罐装汽水添加了糖之外，其他一系列饮料也是如此：果汁、甘露酒、运动饮料、含咖啡因的能量饮料和酸奶饮料。[43] 大多数食品逐渐变成孩子们手中的小吃、茶点和镇静物，或者当时孩子们仅仅是想吃它们了。2015 年，听闻英国公共卫生署署长强调“需要紧急减少儿童饮食中的含糖零食和饮料”这一点就并不奇怪了。[44] 然而，阻力主要来自有着强大影响力的食品业，食品业已经将糖作为食品中的一种重要的成分，尤其是在儿童食品中，并且针对未成年消费者投入了巨额的营销费用。

英国儿童长期享用含糖膳食（正如我们所见，穷人在 19 世纪后期一直依赖于果酱)，但近年来这个问题变得更加尖锐，更具破坏性。人们认为现代英国儿童摄取的“软饮料量和糖果量分别是 1950 年的 30 倍和 25 倍”。1992 年至 2004 年，软饮料摄取量翻了一倍。仿佛连二战后的紧缩政策也阻挡不了含糖饮料和儿童食品大军。这些甜蜜的诱惑通过崭新而强大的广告引诱着儿童，广告业本身已经转变为价值数百万英镑的商业，特别在20世纪50年代中期英国出现了商业电视之后，通过电视广告做轰炸式宣传。此后，电视不仅是一种娱乐手段，也是一种广告手段。到21世纪初，英国食品工业一年要在广告宣传上花费4.5亿英镑——其中四分之三的广告是针对儿童的。例如，在2001—2002年，可口可乐花费了2 300万英镑广告费，沃尔克斯薯片为1 650万英镑广告费，而穆勒罐式甜点则为1 315万英镑。食品广告分为4个不同的类别：含糖谷物、糕点糖果、软饮料和零食（主要是薯片）。在儿童频道上，超过半数的广告都是关于食品和饮料的。至关重要的是，其中99%的广告用于推广“垃圾食品”。

在大西洋两岸，出现了一股真正的广告浪潮，其直接定位于对儿童潜意识进行“教育宣传”。[45] 在20世纪后期，西方父母面临着前几代人从未面临过的问题——一场帮助儿童抵制对电视屏幕前甜食诱惑的恶战。

尽管英国这些与食品饮料相关的广告数量庞大，即使已考虑到美国人口比英国人口多5倍，但其数量与美国相比却相形见绌。美国儿童和青少年成为广告商及其产品的主要目标——他们每看5小时电视会观看1小时的广告。1年之中，美国孩子将收看4万个电视广告——其中80%的广告可分为4类：玩具、谷类食品、糖果和快餐。

正是在这些年，电视节目收看者人数众多，美国儿童的肥胖率也增加了 2 倍。在 20 世纪 70 年代后期，约有 5% 的美国儿童超重或肥胖。到 21 世纪初，这一比例上升到 35%（男孩）和 32%（女孩）。虽然所有评论家都承认这是由多种因素引起的，但他们普遍认为食品饮料的广告起着至关重要的作用。在广告的花销上，美国只有汽车产业多于食品行业。如果意识到食品在美国消费者支出中占据 12.5%，我们可能会理解这一现象。更妙的是，广告业专门针对儿童和青少年，因为他们形成了一个庞大且有利可图的市场。目前，美国青少年自身消费额为 1 400 亿美元，广告商及其赞助商热衷于利用这种巨大的消费能力。因此，毫不奇怪，绝大多数针对年轻人的广告占据了可观的广告费：早餐谷物的广告费为 7.92 亿美元；软饮料为 5.49 亿美元；还有 3.3 亿美元的零食广告费。所有这一切花在食品上的大量钱财，除了用于“植入式广告”，食品和饮料的标识和标记还被精心地放在玩具上、视频和电影中、互联网和体育馆中。但是堂而皇之的是，甚至更不可防备的是在美国学校的药品分发机器中放置相同的饮料和食品。在一组评论家略微晦涩的话语中，可知很难否认“媒介使用与饮食相关结果（即超重和肥胖）之间存在关系”。[46]

电视对数百万儿童施加了一种全新的、几乎不可抗拒的商业力量，评论家称其为“儿童消费力”。孩子们已经被这些巧妙的营销方式，反复灌输着去索求食品、饮料和“零食”的思想，这除了使儿童从喋喋不休到逐渐安静，使广告商和食品饮料制造商的金库膨胀起来之外，也就没什么用处了。讽刺的是，以这种方式播出的大批儿童食品含糖量高但营养价值又不高。

2013年，对定位于儿童的577个食品广告进行的一项研究显示，“其中近四分之三的广告宣传‘低营养品质’的食品”。到了20世纪后期，这些食物的形状、颜色和质地都出现了惊人的变化，许多都是即冲即用型的现成品，而且其中大多数含糖量高。一些专门针对儿童生产的早餐谷物含有50%的精制糖。[47] 令人感到惊讶的是许多产品显然得到了某位获得内部赞助的专家（牙医、博士或研究人员）的背书，其名字和认可产品的文字表述附在了瓶身、包装或纸箱上。这是一种奇怪的不正当交易，如果不是要面对心存疑虑或者持怀疑态度的消费者，否则制造商为什么需要这种支持和批准呢？为什么甚至需要声称食物或饮料是健康的呢？

当然，所有这些情况的背景是上一代人遭遇的严重的食物和健康危机，其中一些是灾难性的，但这些都源于现代农业产业化生产食品自身难以克服的缺陷。从20世纪80年代后期开始的英国疯牛病、1988年鸡蛋中的沙门氏菌危机、2007年英国的口蹄疫和在比利时绵羊中发现的二噁英，以及最近用马肉充当牛肉。这份清单长得令人沮丧，影响了消费者购买、享用食品的信心。然而，同样令人不安的是食品加工业引起的与饮食有关的改革。一些科学家为大型食品和饮料制造商服务，为各种饮料和食品创造多种味道、风味和口感而不辞劳苦地工作。他们努力的成果已被运用于（并且在某些情况下，完全取代）我们购买的基本食品中了。糖和其他甜味剂一直是整个过程的核心。颜色只不过是化学产物，香味来自于实验室，味道完全产于化学实验——所有这些以及更多的是加工食品和饮料的故事。当前笼罩着食品和健康危机问题且挥之不去的阴影是备受争议的转基因作物。

最终结果是被扭曲的人类饮食的进一步演变。营养学家普遍认同，均衡的饮食应该包含 50%的碳水化合物、约 15%的蛋白质和不超过 35%的脂肪。但是，食品加工引发的急剧变化极大地影响了这些理想化的比例，多数人的现代饮食更可能是由 45%的碳水化合物和 40%的脂肪组成。此外，我们消费的碳水化合物往往不是由淀粉和纤维组成的，“而是由蔗糖、果糖和葡萄糖——单糖——或单糖类组成”。我们摄取的糖——有的舀入我们的饮料中，有的溶解到碳酸饮料中，有的加进蜜饯、糖果和零食中，所有这些能提供高达我们总能量摄入量的 20%。但它们形成“空热量”，并且缺乏未加工食品中具有的矿物质、维生素和其他成分。[48]

整个现象受到闪电般的广告宣传所推动，这种广告宣传前所未有，既猛烈又具独创性。对不确定营养价值的含糖食品的一连串商业推广，使人想起另一种有类似故事的产品——烟草。含糖饮料和食品的捍卫者很快提出在消费方面捍卫“个人责任”。买什么或不买什么不应该是个人的权利吗？推销含糖食物和饮料的活动开始看起来非常像以往的烟草游说活动了。他们也转向了关于个人选择的争论。现在轮到了糖和食物——父母不应该自由选择孩子吃什么和喝什么吗？难道他们不应该能够拒绝孩子们对甜味早餐、甜味果汁和小吃的强烈要求吗？这些问题形成了一个恶意的骗局——以一个不诚实的借口，掩盖了巧妙设计的商品促销活动，而这些商品用处不多却会使人发胖、牙齿腐烂。老牌烟草游说集团在看到和读到糖和食品工业游说者发表的抗议声明时，一定能认出这熟悉的战略操纵伎俩。

在 20 世纪后期，关于肥胖的数据开始让人震惊不已，人们对糖给健康带来的不良作用的担忧也日益增加，这种担忧逐渐发展为对在食品和饮料中使用糖的主要批评。这种批评，也针对所有被认为应当对全球肥胖症人数上升负责任的主要机构。但它不可避免地引发了食品和饮料行业及其游说者的反攻。在美国，该行业拥有庞大的商业和政治影响力，所以其雇用的游说者一直在影响立法机构以阻止任何对其不利的法律裁决，并且取得了巨大的成功。从早期经验来看，他们清楚惩罚性法律案例可能正在制定中。所以，他们以先发制人的方式发起攻击。

2004—2005 年度，美国众议院通过了一项奇怪但具启发性标题的法案：《食品消费中的个人责任法案》。众所周知，“芝士汉堡法案”旨在使快餐业免受因饮食而超重的人群所发出的责备，以保护食品行业“免受肥胖消费者的起诉”。之所以制定该法案是美国最近烟草业事件所致。食品和饮料行业对烟草业的命运心怀恐惧,在 2004 年,烟草业因其造成的健康损害而遭受一笔天文数字损失的威胁——总计 2 800 亿美元。虽然之后这项判决被州高级法院驳回，但该教训并没有为利益联盟所忘记，而这种利益却是数百万美国人发胖的原因。

尽管美国烟草业最终躲避了罪责，但到了 2004 年，美国人已经知道糖与肥胖高度相关，特别是糖在这一过程中扮演的角色，与烟草对人们健康产生的影响大同小异。无论食糖游说团体取得了怎样的短期胜利，无论他们在国会中的政治盟友如何阻挠，趋势都已开始转向不利于糖的发展了。[49]

在很大程度上，趋势开始转向，是因为人们的注意力已从美国转移了。只要肥胖在本质上被认定为一个美国问题，它看起来就可以妥善解决，而且只是个案，无须惊慌失措。显然，没有人能再怀疑美国肥胖的深度和程度。但上述观点最初被用来转移世人对这个已经影响全球的问题的注意力。然而，到了 21 世纪初，显而易见，肥胖不单单是美国人的问题，甚至也不单单是西方人的问题。人类对甜味的渴望，糖生产商、食品和饮料制造商以及广告代理商满足这种渴望的力量，将催生影响全球的健康危机。但是除了糖之外，难道还有什么其他的事物是使越来越多的人处于肥胖带来的危险之中的吗?

第 14 章　当下饮食之道

这些年来，人们购买的家庭用糖越来越少，但在餐桌上或是电视机前托盘里占有一席之地的食物和饮料，其实隐藏了大量的糖分。任何想避免吃到含糖食品的人，都得好好研究印在食品包装上的成分表。此外，只有在经过与抵制过量摄入食糖人士们长久而无望取胜的斗争之后，食品生产商才会提供人们强烈要求知道的信息，即我们所食用的食物，其具体成分是什么、各成分所占比例又是如何。

如今，在超市上架的批量生产的食品，几乎无一例外都添加了糖。有些食品我们从来不会把它跟糖联系在一起，但里面却充斥着各种各样的添加剂，其中最明显的就是糖了。产业化食品中出现糖，主要有两方面原因：一是长期以来人们喜欢吃糖；二是，也是更直接的一点，近些年来人们对食物和人体味蕾的科学分析的最新发展。数个世纪以来，虽说糖已经与人类饮食密不可分；但在 20 世纪后期，这种关系发生了迅速且无法预料的变化。这种变化有赖于现代营养科学与高生产率的新兴食品产业的合作，并通过现代媒体经久不歇地加以宣传。

为食品生产商工作的营养学家从精确的科学研究细节中，发现了几个世纪以来一个显而易见的事实，那就是人们喜欢糖。到 20 世纪末，科学已可以证明：在过去 2 000 年，母亲抱着生病的孩子，孩子的表现其实都已经说明孩子喜欢甜蜜的味道。在孩提时，无论是生病，抑或是身体健康的时候，人们都喜欢吃糖和蜂蜜；可是对苦味、酸味、咸味却反应不佳。[1] 为何现代科学家对此产生如此持久的兴趣？具体原因是：大型的食品和饮料公司刺激了他们的好奇心，并给予了他们经济支持。从 20 世纪初开始，生理学家就提出人体内特定的生物特征是能够接受糖的。在 20 世纪 60 年代和 70 年代，一系列的研究项目证实，对于人类和动物来说，糖和含糖食物会使其染上不停想吃东西和过量进食的恶习。到 20 世纪末，关于人体对甜味的生理反应研究有了研究结果，这引起了食品产业的热切关注。事实上，大多数的那类研究都是由食品行业赞助的。

有关人对甜味的生理反应，研究得越多，科学家对这一话题讨论也越多，道理也就越明显：味道，也就是甜味，与营养关系不大。人们选择食物和饮料，是因为里面含有他们所期待的味道，且在人们最享受的味道中，糖似乎占据了主导地位。这一简单的观点一经科学确认，食品产业就好像发现了“炼金术的关键”，即如何将毫无价值的东西转化为明显具有极大价值的东西。当务之急是创造一款产品，也就是让食品和饮料能够引起人们生理上的反应。[2]

各学科领域的科学家已然开始探究糖为人体所吸收的精确方式，以及人体吸收糖后会做出何种具体反应。这不仅仅是指精制糖，同时也指精制淀粉，因为其进入人体之后，将会被分解为糖。例如，比萨中的淀粉会转化为糖，大脑接着便相应地做出吃糖时所做的反应。

然而，从商业角度来看，对儿童吃糖做出的反应研究，即在各类儿童食品中找到让儿童达到“极乐点”的物质，这仿佛为食品生产商打开了一个藏宝箱。糖能够激起孩子的快乐，也能为长身体的孩子提供必需的能量，同时会像止痛药一样，让人“感觉良好”。[3]大型食品公司开始着手为儿童发明能够达到这些目的的甜食，以满足孩子们对甜味、能量和良好感觉的需求。所有的问题似乎都围绕着怎样准确地给特定的食品和饮料提供正确的甜味搭配。但基本出发点很简单，那就是：糖是食品和饮料产业获得商业成功的关键。

那么，食品生产商开始用甜食来吸引儿童也就毫不令人意外了。但越来越多的年轻人吃甜食也遭到了来自医学界逐渐严厉的批评，特别是这种饮食习惯会增加肥胖青少年的数量，并造成其牙齿腐烂问题。当人们逐渐意识到糖——特别是含糖饮料——是造成肥胖的元凶时，他们进一步加深了对甜食的批判。同样令人担忧的是，可以喝到含糖和碳酸饮料的孩子们期待所有的饮料都是甜的。新鲜果汁、运动饮料和调味水，人们希望这些饮料都带甜味，这样就能获得孩子们的认可，从而吸引他们进行消费。一段时间以来，肥胖问题之所以成为西方主流的健康问题，特别是儿童的肥胖问题，含糖饮料似乎是问题的核心所在。

忧心忡忡的观察家们确信：糖是导致肥胖问题的成因之一。但是，糖在导致肥胖数量日益增长方面到底起了什么作用？确切数据尚不清楚。这使得糖和含糖饮食的捍卫者们与批评糖是导致全球肥胖问题的主要成因的一方争辩了起来。

从 20 世纪 60 年代中期起，这场论辩战就开始了。在支持含糖饮食的阵营里，糖的生产者们和食品生产商们，在其产品中倒入了大量的糖，而且越倒越多。而在另一方阵营中，健康专家、医务人员以及越来越多的活动家们，决意去警醒人们，使所有人都意识到含糖混合物的危害性，而这些物质早已成为现代饮食的基础。

20 世纪 50 年代，美国食品产业受到便利概念的驱动，随即迎来了大量千变万化的易于制作和速食的食品。“煮熟”一词不再适用，而加热、煮沸或者烘烤成为烹饪食物的主要形式，而所有这些变化，都是由于新型厨房装备的推动才得以实现。女性是整个这一现象最初的针对对象，她们虽然仍旧青睐于传统的食品准备工作，但却发现自己周围有这样的一群年轻女性。这些年青人认为，发现省力的食品更加简单和方便。尽管学校教师为坚守家政学技术而付出了巨大的努力，但美国家庭烹饪还是迅速臣服于这一便利文化。

道理浅显易懂。对于越来越多的职场女性来说，在饮食和烹饪方式方面所发生的变化是件无可厚非的好事。家庭中的杂务，尤其是在结束一天的辛苦工作之后为家人做饭，因为无须花费时间来准备食物，女性因此变得轻松起来。食品行业再一次看到了挑战，并开发了家庭科学课程，由其公司的员工去负责推广。这些员工热情地向那些忙得焦头烂额的美国家庭主妇普及便利食品的好处。这个行业发明了虚构的厨师，他们推销新食品，回复粉丝来信，并出现在宣传资料中，但他们从未真正存在过。虚构的家庭主妇为整个国家发明的食物代言，以至于这个国家的所有人都开始沉迷于电视节目。数以百万计的人们，一边观看晚间节目，一边端着盘子吃饭。在所有的节目中，都穿插着大量的广告，其中许多都是关于食品和饮料的。在这个过程中，家政学受到了食品产业颠覆性的冲击，开始过时，逐渐消失。《时代周刊》抓住这一社会环境和时机，于 1959 年刊登了一篇关于便利食品的文章，标题为《加热即可享用》。[4]

由于享用食物变得不那么复杂，新型便利食品的消费者也吸收了大量未经公开的糖分，几乎所有生产出来的便利食品都添加了大量的糖。美国在这一方面起了带头作用，并且由于新兴的全球食品公司的快速发展，故而很快地将这一饮食文化传播到世界的其他角落。许多美国公司吞并了世界各地的本土公司，其食品和饮料在美国得到完善，然后让世界各地的公司去生产。全世界的人们追随美国的潮流，不仅仅是因为它的流行文化，像电影、电视和音乐，而且在饮食上也紧跟美国。美国人所吃的食物都经过深度加工且含糖丰富。

在凯洛格博士（Dr Kellogg）的努力下，19 世纪 80 年代，产业化的食品开始出现在美国人的早餐餐桌上。凯洛格刚开始在纽约从事医疗工作，他志在变革美国人的早餐。在密歇根州的巴特尔克里克（Battle Creek），他用家中的小型医疗设备对麦制品做了小规模实验。这一实验为以他名字命名的公司打下了基础。几个世纪以来，金矿勘探一直是该地区的一项重要活动；而当凯洛格博士在他的谷物食品中添加糖时，他似乎也发现了黄金。

对手们随后推出了类似的产品，即让产品中也含有糖。于是，争夺美国早餐市场主导地位的商业战争开始了。许多食品公司都采用新的广告策略来推广它们的产品。那是广告牌的黄金时期。实际上，在任何可能抓住消费者眼球的可用空间上，如在建筑物边上、大幅广告牌上、公交车和有轨电车上、报纸和杂志上，都贴着五花八门的广告。是广告，或者可以说是广告中宣扬的大量糖分使得早餐吃谷类食物成为美国日常生活的基本要素。

尽管在 20 世纪 40 年代，企业内部也曾对新产品中加入的糖量感到担忧，却没想到谷物制品和糖的搭配能带来令人惊讶的商业财富。到 20 世纪末，三家巨头公司占领了美国早餐谷类食物市场的 85%的份额。这些公司由市场营销和广告人才操纵，他们会仔细观察常客的消费特征且细分社会趋势，以便能够找到进行扩张、提高销售的最佳方式。而在20世纪的最后25年里，取得进一步商业成功的关键在于年轻母亲外出工作这一重要事实。清晨，在妈妈们冲着跑去上班前，她们还得要着急地准备早餐，喂孩子吃饭。于是，如何方便地做早餐，成为迫在眉睫要解决的问题。同时，还要考虑孩子们对食物的期待。[5]

事实上，商家把目光敏锐地投向儿童甜食市场始于1949年。当时的宝氏食品（Post Foods）发现自己很难在早餐谷类食物市场中脱颖而出。在那之前，人们大力宣传谷类食物是一种健康的早餐选择，可代替传统的像培根、香肠、午餐肉等高脂肪食物。而现在，宝氏食品则开始在谷类食物内加入糖，并赢得了儿童的喜爱。食品行业的竞争对手于是纷纷效仿，发明了一系列的含糖食品，旨在获得美国早餐市场的一席之地。此后，早餐成为食品巨头公司和广告商之间的战场。各方都开始添加不计其数的糖到食品中。最终，美国50%的早餐谷类食物都含有糖。

食品实验室的科学家们和纽约麦迪逊大街的营销人员，正想方设法地进行一大堆的创新，以增加早餐谷类食物对儿童的吸引力。谷类食物开始以千奇百怪的形状和形式出现在人们面前（比如字母形状），还出现在超市货架上，许多带有新颖且朗朗上口名字的产品也更多地出现在电视屏幕上。在20世纪50年代中期以后的数十年里，不计成本的食品和饮料的广告宣传把美国人民弄得眼花缭乱，这主要是由美国通用食品公司（General Foods）引领的风潮，使得美国人开始以不同的思维方式来考虑食物。

这些大规模企业的公司管理者领会到了一个既简单却又至关重要的道理。他们生产和售卖的产品“必须得容易购买、储存、打开、准备和食用”。[6] 便利食品在美国人生活中扮演着重要的角色。一些便利食品极大地偏离了食物原有的自然状态。由于食品学家事先和营销人员积极沟通后，调制出食品和饮料，接着社会学家来商业测评，用最新且精确的数学公式来分析商业结果的影响，这最终使得食品变得面目全非。在这一过程中，糖几乎没有远离人们的生活。发明早餐饮料只需要在里面添加水和糖调味，给食品生产商和糖业带来了巨大的成功。所以,“弹出式”蛋糕也是如此（一种油酥糕点，里面带有经由烤箱加热过的馅料）。它们就像饮料一样，有各种各样的味道，而且都添加了大量的糖。

随后，早餐谷类食物的销售额令人震惊：1970 年为 6.6 亿美元，到 20 世纪 80 年代中期已上升到 44 亿美元。由于 3 家最大食品巨头公司顽强地进行法律和政治上的辩护，企图抑制这 3 家公司的垄断的尝试失败了。就像 19 世纪末美国公司合并时期的托拉斯大战一样，这些公司通过巨大的财富和影响力来击垮对手，以捍卫自己的利益。同样令人不安的是，当被要求向顾客公开到底有多少糖加入到谷类食物中时，这些公司纷纷拒绝透露。

与此同时，越来越明显的是，美国人最近养成的饮食习惯造成了重大的健康问题，最为显著的就是牙齿健康受到损害。一位美国牙医，对他遇到的年轻病人所遭受的严重的牙齿健康问题表示担忧，决定主动采取一些措施。他购买了 78 种品牌的谷类食物，并在自己实验室测试其成分。其中，三分之一的谷类食物的糖分占比在 10% 到 25%，另外三分之一的谷类食物糖分占比高达 50%，其中 11 家品牌的糖分占比甚至更高。市面上最甜的谷类食物和在电视上针对儿童的激进电视广告之间，似乎也存在着某种联系。[7]

除了忧心忡忡的父母外，还涌现出大量的批评家们。他们强烈要求谷类食物生产商解释并减少高糖谷类食物的产量。当然，这些公司并没有坐以待毙，也进行了反击。它们有时会改掉产品的名字，有时则不列出某些成分项目，并重新思考该怎么样推广公司的产品。不过，到了 20 世纪 70 年代末期，由于牙科专业人士的推动，而且他们能够提供确凿的证据证明大量的年轻人的牙齿出现健康问题，故而这些公司也不得不接受联邦机构的审查。在购买力不断上升的时候，那些奋发有为竭力抵制过多摄入糖的活动家，向商业巨头公司施加了不少压力，且不轻易被这些公司所威胁，因而也取得了一定的成效。但是，美国有缺陷的法律很容易被规避，食品游说集团和广告商们强大的经济实力和商业影响力，使得遏制瞄准儿童的广告的努力归于失败。

不过并非一切都损失殆尽。关于糖和儿童的数据越来越容易获得。现如今，不可否认的是，美国儿童正成为含糖食品电视广告的目标。食品生产商们和它们的代理商懂得这些广告是有用的，故而不遗余力地推广它们的含糖谷类食品。然而,到了 20 世纪 80 年代末,食品公司开始在促销活动中移除“糖”字，更有甚者从其谷类食物的名称中去掉“糖”这一字。最终,它们甚至意识到糖已被归为“糟糕的、不良的”产品；这个字使人联想出一连串不健康的特质，是父母在喂养孩子时应当避免的产品。[8]

在整个 20 世纪 90 年代，大型食品企业深陷广泛的商业战争中，以对抗那些推动反对过多摄入糖的消费者群体；对抗其行业新的竞争者，随后在价格战中也彼此分道扬镳。自始至终，企业内部的科学家和营销人员都在发明零食和产品，设计呈现谷类食物的新方法，用另一种形式来呈现谷类食物，比如“便利的”饼干棒。可是，一次又一次地，新产品混合了大量的糖，然后在儿童市场推出。有时，这些产品的广告不仅具有误导性，且充满不实之处。但这些食品大公司通过将“大事化小，小事化了”的策略把对产品的抨击降到一个最低限度，并借助烦琐且耗时耗力的法律过程，从而逃脱了批评。

活动家们担忧糖对美国人健康所造成的影响。他们也开始注意到，把目光集中在食品上只是其任务的一部分。他们还需要向大型饮料公司提出挑战，质疑他们在数以百万计的美国人每天喝的饮料里面添加了过量的糖。相比于苹果派，汽水饮料变得更加的美国化了，且充斥着大量的糖。所以，在 20 世纪的最后几十年里，美国人快速变化的饮食方式的后果在人群中拉响了警报：美国人变得越来越胖，大批的孩子在十分年轻的年纪却出奇地有了龋齿。对只手遮天的食品和饮料产业的审查，势必会带来旷日持久的残酷冲突。此外，这些公司不再是简单的美国或英国实体，而是演变成庞大的跨国企业，拥有前所未有的财富和影响力。

如今的全球食物体系为少数几家掌握空前集中的经济实力和资金的公司所控制。少量的商业巨头在各个层面主宰了食品市场，包括日常必需的农产品、食品的生产和食品的零售。2013 年，据估算，不到 500 家的公司控制着全球 70% 的食品体系，它们是构成食品和饮料产业大宗商品的主要用户。在这一小群范围中，有一小部分是大型企业的精英,这些企业巨头控制了人们大部分的饮食产品。其中，不乏家喻户晓的品牌，最著名的有雀巢（Nestle）、联合利华（Unilever）、玛氏（Mars）、可口可乐（Coca-Cola）、百事可乐（PepsiCo）、亿滋（Mondalez）、达能（Danone）、英国联合食品公司（Associated British Foods）、卡夫（Kraft）、通用磨坊（General Mills）、家乐氏（Kellogg's）、麦当劳（McDonald's）和康帕斯（Compass Company）。这些公司实力庞大、富可敌国。例如，2012 年，雀巢一年的营业额达到 1 000 亿美元，大于近 70 个国家的国内生产总值。相比乌干达，该国当年的国内生产总值才 510 亿美元。这种工农业力量的崛起，不仅仅是一个商业过程，而且得到了西方政府的鼓励，或者直白地说，就是得到了巨额的欧元和美元的补贴。

全球食物体系的起源开始于“二战”之后。当时，支离破碎的欧洲迫切需要重建。1947 年至 1952 年，马歇尔计划向欧洲投入了

130 亿美元，其中大部分是以美国的食物、动物饲料和化肥的形式运往欧洲。这项计划把欧洲从危机边缘拉了回来，重振了欧洲大陆，也使得美国在 1950 年前一跃成为全球霸主。1945 年后，西欧各国政府都下定决心不再重蹈覆辙。除其他事项外，这些国家决定要加强欧洲的食品生产。欧洲各国政府（其后期合并形成的欧洲共同体）的第一要务是通过给予补贴，建立大规模、健康的农业。最终的结果是：欧洲的食物十分的充裕且廉价，农民付出了劳动，也普遍拿到了丰厚的奖励。

50 年后，受到政府补贴的农业计划创造了巨额的盈余。媒体经常这样报道，说是粮食堆积成山、葡萄酒泛滥成湖。可是，这些过剩产品中的大部分最终流向了世界其他国家的市场，无形中损害了发展中国家的生产者。当 1995 年世界贸易组织成立之时，其宗旨之一就是要终止此类补贴，并消除贸易限制。可当时的情况却是，在多重压力尤其是世界银行和国际货币基金组织的重压之下，发展中国家被迫开放市场，而富裕的国家则继续对其当地的农业给予补贴。

不出所料，欧洲和美国的农产品让发展中国家不知所措。此外，这些农产品极大地受到了政府补贴的恩惠。人们最近对补贴的分析证实，在美国和欧洲，大多数的补贴流向了大型企业，这个过程被称作为“企业福利”。此外，据 2009 年的报告称（源自《信息自由法》所披露出的证据），欧洲补贴的最大受益者是大型跨国糖业公司。大型企业生产的糖和其他作物，可以在某一特定时期以担保价格被采购。[9] 通过这种办法，不知有几百万的人吃到了廉价且有补贴的糖。在美国，糖业长期以来一直都受到高度保护和补贴。2015 年，美国《华尔街日报》称，联邦糖项目的荒谬向来是享有盛名。无论市场状况如何，美国的税收制度都能确保制糖企业的利润。[10]

但到了 21 世纪早期，提供补贴的时代接近于尾声。就各方面来说，这已经为时太晚，因为造成的伤害已成定局。数以百万计的人早已习惯食用和饮用对他们身体有害的食物和饮料。可是，改变这一系统最大的障碍就是跨国公司在全球的势力，它们有力掌控了世界粮食的供应。哪一个国家能够独自使得一个不忠于任何特定国家但实力却强大得前所未有的企业就范呢？这些公司可以轻而易举地转移他们的资金和工厂到其他地方，并使用更加廉价的劳动力去适应它们的体系。全世界的食品日益变得全球性。这是全球化这一广泛现象特定而又核心的例子，跟任何政府和个人无关。

谁能抵挡那些财富多得难以置信和影响力大得难以置信的公司的决定和奉承？或者说，谁又能吩咐如此多的财富的拥有者和管理者应该做什么或不应该做什么？此外，对于这些公司来说，这笔账很容易算清楚，如今被认为是不健康的食品，其利润都高得惊人；反观卫生健康的食物，其利润就低得多。健康食品的利润在 3%—6%；深度加工食品的利润为 15%。[11] 哪个公司的董事长或董事会准备向股东提出修改命令？结果也就演变成了全球性的问题。用联合国特别报告人的话说，“我们的食品体系正在使人生病”，[12]

它们也正在让人变得越来越胖。

造成这一特殊问题的潜在原因是大型食品企业所生产出来的食品和饮料所反映的本质。在短短 50 多年的时间里，控制了农业、食品加工甚至是食品零售的企业，彻底地改变了人们的饮食。全球食品和饮料变化的核心原因就是糖。

欧洲食品加工产业的起源可以追溯到 19 世纪 60 年代。[13] 在此之前，食品和饮料贸易大部分是在当地或某一区域内进行。随着现代产业的发展，一切都开始发生变化。例如，到了 19 世纪 70 年代，人造冰的出现让长途运输新鲜鱼成为可能，尽管从 20 世纪 20 年代开始，鱼罐头也很便宜，此后的三文鱼罐头成为各个家庭的最爱。美国引进新型金属蒸汽磨粉机来研磨比欧洲小麦品种更硬的小麦，这种小麦是从北美广阔的农田进口的。

到 1945 年时，这一切都落到了大型工业企业的手中。甚至连小麦制成的面包也越来越多地在工厂里进行生产。炼乳中添加了大量的糖，由于风味独特且保存时间长，其在低收入人群中成为另一种受欢迎的食品。然而，低收入人群的饮食仍然植根于旧式饮食习惯，所有这些食品因为添加了糖而变得可口，而当下，糖本身也通过现代化的、位于码头旁的精炼厂进行加工。糖换上果酱和糖浆的外衣，继续证明其在欧洲低收入群体的价值。

这些变化，仅仅是“二战”后食品集中工业化的前奏。从很大程度上来说，这一场技术革命是由科学家以及大型食品工业在他们自己的实验室和大学的研究实验室进行的营养研究带来的。伴随着食品和饮料生产变得更加产业化、科学化，食品市场发生了变化，具体表现在大规模市场、快速运输系统及储存方式上，这一切都成为新型食品不可或缺的特质。

结果，有些食物很难被认出来，比如粉红肉渣和肉浆。它们同样都是肉类食品，也可能是最令人反感的两种食物。然而，它们还是做成了“汉堡包”卖给公众。火鸡肉卷和其他类似的奇异发明是食品工业化的特殊产物。事实上，许多肉制品中添加了肉，通过加水、调味料和着色剂使得量更足，再经过分离、旋转、煮沸和冷冻的程序，肉在食品中的含量变少了。在这里，糖作为添加剂又一次发挥了重要作用。[14] 即使在今天，廉价包装上的食品成分表上的火腿、火鸡、汉堡包、香肠和冷肉也能使读者读得津津有味。

全球饮食习惯不平常的巨变，并不是偶然的结果。它是由一些公司巧妙地设计和实施出来的，因为受到科学和商业上的启发，它们将糖作为食品中的关键成分，这些公司明白如何去利用人类的需求和反应。

我们只需要检查每天的饮食周期，就能感觉到糖对我们生活的影响。甚至在很多人早上离开家之前，他们的糖摄入量就已经开始对身体产生影响。新的一天通常以吃早餐谷类食物开始，其中许多在餐桌上的谷类食物添加了大量的糖，这或是成碗成碗地添加进去。

吐司、松饼及其他种类的面包中，如美式薄饼，里面都会加糖，甚至美式早餐中的果汁可能也是甜的。人们品尝茶和咖啡时通常也会加糖。

人们可能会在上午吃一些含糖的饼干、糕点、蛋糕或者是零食来保持精力充沛和愉悦的状态，然后吃午餐时继续这种类似的模式。糖不仅仅是通过明显的以甜食的形式被人们所消耗，如快餐和酸奶，但更多的情况是糖是以那些看起来很健康的食品被摄入，如沙拉酱。糖甚至在开胃菜中，人们品尝这些食物时，搭配着面包卷和面包，可能不会觉得它们是含糖的食物，如意大利面酱、番茄酱、培根、加工肉制品、火腿和其他盐腌肉。除非我们要喝的是自来水，就连在白天我们喝的瓶装饮料中也有以糖浆、糖、浓缩果汁或者是甜味剂的形式存在的添加剂。任何人选择去吃甜点时，都会吃到各种形式的人工加糖食品，而且在美国，这些食品比欧洲的会更甜。一顿晚饭，无论是在家吃，还是在外面吃，都同样可能含有甜味添加剂。尤其这顿饭是外卖，或者是预先煮好的、冷藏的或者是冰冻的，食用时仅需在微波炉里简单地加热的食物。

无疑，许多人并不是这样吃的，但是有数亿人这样做了。此外，想要避免吃到添加了糖的食物，在购物时都得做出特别的努力。人们需要对购买的东西保持警惕，仔细阅读在瓶子上、包装上、袋子上的标签。可即便这样，阅读标签有时也并不能完全避免不吃到糖，因为其内容中出现的化学式往往除了化学家没有人能够理解。人们要求食品行业描述自己生产的食品的私密细节，但却遭到了食品行业的激烈反对，这绝不是偶然。它们明白，其将要披露的信息可能会给更加谨慎的购物者敲响警钟。

那时候，糖是加工食品的常规伴侣，但却和天然食品中的糖有很大的不同。一根香蕉中的糖可能是16克，而一块巧克力里的糖可能含有40克。加之在这一过程中，糖和脂肪结合在一起，就会产生完全不同的生理影响。由于加工食品中蛋白质和纤维被除去，将会导致吸收糖分变得缓慢，因此糖量也会大幅飙升。

甚至在充满好奇的人眼里看来，这一切是现代化工业的偶然产物：食品和饮料制造商创造了高效率的制造技术，旨在将廉价食品快速运到超市的消费者手中。诚然，食品行业的员工放眼全球搜寻适合顾客的产品，但是他们在寻求新食品的过程中，得到了公司研究食品和饮料微观层面的科学家团队的支持。历来，他们最关心的是糖、脂肪和盐，这是构成现代饮食的基本成分。[15]科学家和数学家们对每种物质都进行了研究，来探索将这些成分融入特定食物和饮料的最佳方式。例如，在实验室中，人们将糖还原成简单的果糖添加剂，并添加到食品中，这将会增加食品的吸引力。[16]在最极端的情况下，食品科学家们并没有对食物本身进行太多改动，而是发明出新型的食物，其中一些食品是在实验室中发明出来的。此外，卖得越好的食物就会被特意地添加糖分，来增加糖对儿童的吸引力。

食品生产商投入数百万的美元和欧元，来变革、改进和发明“让人简直无法抗拒”的食品和饮料。比如，在 1985 年，通用食品公司的研究预算为 1.13 亿美元。[17] 他们寻求让产品达到众所周知的“极乐点”——“食品和饮料中的所有成分，存在一个最佳的浓度，达到这个最佳浓度就会使感官的愉悦最大化，这个最佳的水平称为极乐点”。[18]

“极乐点”的概念是由一位匈牙利数学家在 20 世纪 70 年代提出的，迅速被食品行业采用，并作为推广其产品的一种手段。[19] 20 世纪 90 年代,这一个模糊但有趣的概念被固化成一个确凿的科学事实，即一个有一定可信性的信念现在被接受为科学公式和商业手段。

在 20 世纪末的食品企业的科学家、食品高管和广告商的各种聚会上，“极乐点”的概念在他们的技术术语中成为一个关键概念。此外，这是幸福的一种形式，且似乎是基于经验证明的事实。一次又一次地，食品产业被敦促不要去担心使用“极乐”一词会让人联想到幸福。毕竟，当他们出售食品和饮料时，他们是在推销人们喜欢的口味。营养是个次要的问题。当人们在逛超市过道购买日常所需食物时，在消费者的心目中，甚至都不会注意到这个问题。

最重要的是，糖相比于其他任何一种商品都能提供更多“极乐点”。原因简单易懂,用一位评论人士的话说,“人类喜欢甜味……”,诀窍是要达到恰到好处的甜度。当时，食品和饮料公司的目标就是确保它们的产品始终能够达到人们吃糖时的“极乐点”。[20]

食品和饮料企业的高管们在召开国际会议时，各类市场和科学研究人士提供了许多建议，这些以及类似的信息对他们来说是喜讯。极乐，也就是愉悦，是可以量化的，通过一勺一勺的糖，添加到不计其数的食品和饮料当中去。此外，大量对味觉的生理学研究证实了这一点，研究关注舌头上的感受器怎样传送感觉到大脑，以及大脑对进入身体的不同味道怎样做出反应。这些研究还表明，甜味进入这个体系时，大脑会要求得到更多的快乐，个人需要品尝到更多最初吃糖时的快乐。所有这一切，自然而然地会引起食品行业的极大兴趣，这些是一门处于科学和神经学研究前沿的复杂科学。他们的新目标是利用科学告诉其最佳的商业优势，通过复杂的营养化学，说服人们深爱自己的产品。这样就可以吸引他们继续购买同样的产品。事实上，正是这种行为模式使人们上瘾。在这种情况下，人们渴望甜味，甚至是更多的甜味。[21] 在对吃糖上瘾这类科学有了认识之后，食品行业开始把关键的添加剂加到产品中，然而没有一种添加剂能比糖起到更为重要的作用和成功。实际上，糖和甜味剂成了它们推销自己产品的诱饵。人们喜欢甜味，且经常会要求品尝跟日常相比更多的甜味。

如果说 20 世纪后期对味道和甜味的科学及营养研究为食品和饮料行业提供了有利可图的机会，那么，这些证据对食品和饮料行业的反对者同样有价值，尤其是他们指出糖与人类的肥胖有关。虽然糖只是众多食品和饮料添加剂的一种，这些添加剂受到科学和政府机构的详细审查，同时他们担心营养和健康出现更大的问题。有越来越多的证据表明，糖甚至有腐蚀作用，远远超过了早期批评家的想象。

最初抵制过多摄入糖的运动是在美国发起的，当时人们担忧糖在加工食品和速食食品中的作用以及糖和肥胖的联系。越来越多的父母对新食品中的化学成分有了了解之后，开始担心，他们对人造香料、色素以及加入到食品中的大量盐、脂肪和糖产生了恐惧。与此同时，家长们自己也对孩子的多动症表示担忧。这是由于孩子们喜欢的食物导致的吗？

食品行业再次集结了它们的力量，包括科学家、说客和市场商人，来反驳批评，并向消费者保证它们的产品是健康的。它们的论点植根于人们普遍接受的想法，那就是婴幼儿和年轻人从出生的第一天起就喜欢吃甜食，爱吃糖就是自然和生理的冲动，故而不应该遭到批评家的谴责和否定。食品行业声称，按照现代食品的形式和种类，它们只是提供了人们天生就喜欢并渴望的食品和饮料。然而，我们知道，在食品工业科学的背后，隐藏着一些复杂的政治阴谋和彻头彻尾的欺骗，以掩盖它们所掌握的糖所带来的破坏性影响背后的事实。

20 世纪 60 年代，人们异口同声批评糖的声浪高涨，糖和食品生产商的说客们采取了许多不同的策略来阻止批判者。我们从最近的研究知道，企业采取了行动，通过贿赂某些科学家来获得他们的支持。在过去的 50 年里，人们对糖产生了兴趣，促使企业投入资金资助研究，这也转移了人们的视线、同时也掩盖了糖对肥胖有着影响的真相。他们通过将科学的焦点转向其他配料来做到这一点。在糖生产商的说客的大量资金支持下，哈佛大学的一个科学家团队对科学研究进行了评估，将糖在造成人类肥胖所起到的重要作用降到最低，并将人类肥胖问题归咎于脂肪。在日益激烈的关于肥胖的争论中，不是糖，而是脂肪牢牢地占据争论的中心位置。这一发现在已故哈佛大学教授的论文中，但直到 2016 年 9 月才公之于众，却引发了一个更敏感、更具争议性的问题，即食品和饮料产业赞助在科学研究中的作用。

这次对哈佛大学的披露，引发了人们对通常由大公司赞助的科学研究更广泛的关注。很明显，很多研究人员都是由糖的既得利益者资助的。同样的故事也发生在英国，科学家们通过糖生产商的说客来资助他们的研究。不过，这并不令人感到意外。这种合作由来已久，在企业中和政治生活的诸多领域都得到广泛接受，甚至是必要的。但整个事件留下了一系列令人非常担心的问题。

结果显示，所有大型的食品和饮料行业都利用科学研究来转移对其不健康配料的批评，尤其是糖，可能这多少看起来并不罕见。毕竟，食品行业是庞大而复杂的。几十年来，它一直凭借科学研究来设计和改进其产品。然而，于 2016 年公布出来的内容却大相径庭。糖生产商的高管从 20 世纪 60 年代中期就开始量身定制科研项目，并大力宣传其研究结果，而这使得人们不再关注糖本身。为了做到这一点，他们需要从有声望的机构寻找负责的且愿意提供帮助的研究人员，然后企业会为其提供经济支持。

2015 年到 2016 年所揭露出的内容，曝光了一些人们长期以来的怀疑。食品行业专门向科学家支付报酬，让他们撰写有利于其产品和公司总体利益的报告。1967 年发起的这项长期研究的结果，将人们的注意力从糖转移到了其他可能导致肥胖的原因上。事实证明，这是一个非常成功的策略，在半个世纪的大部分时间里，糖被人们证明不是造成肥胖问题的“元凶”。[22] 在这一过程中，也促成一些严谨的研究人员被诋毁和轻视，因为他们在文章中谈到了现代饮食中过量使用糖的危险。[23]

从一定层面来说，这只是糖控制美国政治和战略这一非常古老而又长久的故事情节的最新转折。然而，到 2016 年，同样很明显的是，公共健康问题已经成为人们首要关注的问题。这不仅仅是发生在美国，人们不再允许糖的影响地位不受到动摇。它显然对一个国家的人民健康的退步和福祉的普遍下降起着腐蚀性作用。让这项任务变得更加艰巨的是，糖是现代生活中许多令人愉快的事件的核心，尤其是在人们外出就餐时，这个习性正迅速地蔓延到整个社会。

在过去的 50 年里，饮食习惯发生的一个主要变化是人们对去餐馆吃饭的兴趣越来越高涨。直到最近，对数百万人来说，在外面吃饭还是一种非常特殊的享受。今天看来，这是一件不寻常的事情。从 1980 年到 2000 年，美国人在食品上的预算有一半用于外出就餐。

同样令人吃惊的是，美国人外出就餐时就会吃得更多。自1950年以来，美国餐馆提供给顾客的食物分量增加了4倍。[24]人们在家庭外的用餐发生在工作场所、学校、餐厅，或者购买餐饮店的食物然后带到工作场所吃。规格食品（如由学校和工作场所提供的食品）必须便宜且充足，而这总是意味着加工食品里面得要把糖作为重要的添加剂。在快餐店里和外卖的加工食品中添加的糖的数量更多。汉堡或炸鸡配薯条和可乐，然后是冷冻甜点，都富含动物脂肪和主要的碳水化合物——糖。一般来说，这样一顿饭的热量很容易就达到1 600卡路里。[25]

然而，现在不去这样的快餐店用餐似乎不可避免，大街上和购物中心到处都是，主要道路和高速公路上都设有路标指示。它们提供的食物已开始主导数以千万计的人的饮食，从而主导人们的健康。美国再次发挥了带头作用，却最终成为受其后果影响最严重的国家。到2001年，美国拥有超过1.3万家麦当劳门店、5 000家汉堡王和7 000多家必胜客。截至1995年的25年中，美国人吃快餐的数量增加了3倍。截至1993年,麦当劳餐厅的数量10年内翻了1番,而在欧洲，麦当劳餐厅的数量在1991年至2001年翻了2番，从1 342家增至5 792家，汉堡王和必胜客的数量也出现了类似的增长。更令人吃惊的是，亚洲的增长速度甚至更快。到2004年，印度人和中国人吃快餐的频率超过了美国人。[26]

似乎这还不够令人吃惊，与快餐革命并行的是人们在家吃饭方式的改变。预先煮熟、冷藏或成品菜肴（主菜、蔬菜和甜点）取代了在家庭厨房里准备和烹调的饭菜。我们已经搞清楚了人们为何这样做，因为方便、廉价的食物提供了一种简单的选择，取代了从零开始并且很耗费时间去创造营养丰富的膳食。在数以百万计的家庭中，即使这些家庭配备了最先进的厨房，但其中关键的电器是微波炉。从 1970 年到 2000 年，微波炉开始在西方国家的厨房里发挥重要作用。在那个时候，超过 90% 的美国和澳大利亚的厨房都有微波炉。与这种发展趋势背道而驰的特例是法国，这个国家仍旧坚持更加传统的烹饪方式和饮食习惯。当然，微波炉使用量的增加在那些将冰箱视为头等大事的发展中国家，特别是在炎热的国家并没有多大的意义。

通常，在看电视的时候，家庭成员会一起吃饭，这也支配了大部分的早餐时间，尤其当孩子们看电视时。这种习惯不可避免地引起了食品制造商的极大兴趣。市场研究人员告诉食品生产商，传统膳食准备过程改变得非常迅速（烹饪速度与劳动力中女性比例不断攀升并行），食品公司迅速介入设计和营销一系列现成的、事先准备或冷冻的食物，对夫妇或家庭来说，这些东西可以很容易地准备，根本不需要任何烹饪技巧。[27]

食品行业开始“有条不紊地将各种烹饪方式从厨房转移到工厂……”，食品行业再一次地得益于科学和用于包装、覆盖、储存和密封食品的新型塑料的发展。最终的结果大家现在已经很熟悉，即只需要“厨师”把真空密封的包装拿掉，然后把整顿饭放进微波炉，按照标签上的要求加热几分钟。还有什么比这更简单的呢？

我们饮食方式和我们所吃的东西发生了重大的变化，这些几乎不知不觉地成为全球性的习惯。这在整个西方国家都很普遍，但发展中国家发生了更为根本的变化，因此也变得更加引人注目。西方国家的人们花了很长时间，才从一个为解决司空见惯的温饱问题而忙碌（甚至饥饿）的社会，发展到目前普遍肥胖的状态。发展中国家最近也经历了同样的转变，而且速度惊人。许多人曾经饱受营养不良的困扰，现在却遭到肥胖问题的折磨。然而，现在很明显的是，肥胖也可以称为营养不良。

是什么强化了全世界向工业化的食品和饮料缓缓移动所带来的变化呢？但这一趋势却又一次被忽视了，因为它演变成了我们现在生活方式的基础。我们的购物方式已然改变了日常饮食。

对于现代消费者来说，购物已经发生了转变，而间接地，这种购物方式的转变本身也成为肥胖人数上升的一个因素。新的购物模式反过来又对人们的饮食产生了重大影响。最重要的变化显而易见，但通常又不为人注意，那就是现代超市的兴起，它不仅影响了人们在哪里购物，还影响了人们可以买到什么样的食物。据估计，目前全球有2 000万家超市在运营，它们对广大的人群产生了深刻的影响。随着超市数量的激增，数以百万计的人变得更胖。但它们之间有什么联系呢？

超市的起源可以追溯到 19 世纪晚期以及欧洲和北美新百货公司和连锁店的发展。20 世纪上半叶，消费者开始逐渐转向购买工业化生产的食品，但直到 1945 年以后，这一过程才加速起来。正如主要食品的工业化在欧洲被视为缓慢的“美国化”一样，超市的到来也预示着一场将由美国率先发起的革命。英国在 1958 年有 175 家超市，到 1972 年则增加到 2 110 家。那时，德国有 2 802 家超市；法国有 2 060 家超市，尽管法国人对饮食习惯的改变极为抗拒，但最终还是屈服。到 20 世纪 80 年代末，56%的法国食品市场落入了超市手中。[28]

超市的兴起不可避免地导致了个体零售商数量的急剧下降。在 20 世纪最后 25 年的个体零售商数量中，英国减少了 12 万人，西德减少了 11.5 万人，法国减少了 10.5 万人，西班牙减少了 3.4 万人。他们都输给了现代超市。如今，英国前 5 大连锁超市控制着 70%的杂货销售。在美国，最大的 5 家超市控制着 48%的市场份额。在荷兰，10 家连锁超市控制着 75%的市场份额。一段时间以来，数量越来越少却越来越大的企业集团控制了生产食品和饮料，餐饮店的数量也在大量减少。结果是庞大的食品制造商和餐饮店合并，而这很大程度上决定了它们的顾客们应该选择什么、如何准备他们的食物。[29]

超市引进了一种全新的购物方式。它们移走了商店的柜台，让它们的食物“供顾客自由拿取”。它们邀请顾客买他们想要的东西。

但是，这些顾客在摆得满满当当的货架上看到的商品，都是经过精心呈现和策略性摆放的。此外，大型连锁超市还可以向生产者，包括农民和制造商，明确规定它们想要什么；它们决定货架上食品和饮料的大小、形状、颜色、体积和价格。因此，超市已经塑造了食品的消费模式，其中很大一部分顾客消费越来越多的是包装好的和现成的熟食，其中大部分都添加了大量的甜味剂。[30]

大约自 1945 年以来，食品本身已经完全被“农业综合经营”的兴起所改变。这种经营能够创造庞大的农业企业，大多变成公司的模范，这就是评论家们所说的“大型食品公司”的出现。例如，在美国，全国一半的食品是由 10 家公司生产的。大部分食物都加工过，而加工食品中许多都加了糖。同样值得注意的是，西方国家的食品加工绝不仅限于国内市场。它们向其他国家出口大量的加工食品。例如，英国每年出口价值 190 亿英镑的食品。其中，价值高达 110 亿英镑的食品是经过高度加工的，价值 64 亿英镑的食品只是轻度加工，只有价值 14 亿英镑的食品未经处理。[31]

蔗糖是这些加工食品和饮料的核心。的确，许多甜味剂现在被用来代替传统的蔗糖，或者人们把它当作和传统蔗糖一样，但是糖作为一种配料仍然很受欢迎。用一项关于蔗糖的研究来说，“蔗糖和糖果产品之间的联系不可避免……迄今为止，人类和自然界还没有任何一种物质具有天然糖所特有的甜味、膨胀性和加工属性”。[32] 正如我们所看到的，几乎所有可以想象的食物都是由糖制造的，如面团、蛋糕、饼干、糖霜和馅料。它出现在日常的食品中，如冰激凌、乳蛋糕、冷冻甜点和酸奶。加工食品使用糖来“进入食品本身并影响口感，然后生产大量的产品”。罐头水果和蔬菜通常都含有糖，番茄酱和辣椒酱、馅饼馅料、甜点、腌肉、培根和香肠也是如此。[33]

但糖在早餐谷类食品方面的表现最为抢眼。大约有 30% 的谷类食物在早餐时是预先加糖的，其中含糖最多的谷类食品含有超过 50% 的糖。在早餐已经变成以糖为主食了。这对添加在软饮料、酒精和水果蜜饯、果冻和果酱中的糖而言，也是如此。

在所有这些食物的背后，隐藏着一个简单的要点，那就是糖无处不在。糖存在于我们所消费过的许多食物中，而食品制造商认为它是一种基本配料，可以给各种各样的消费品，如食物、饮料、化妆品、药品等增加风味、体积和口感……这样的例子不胜枚举。就其本身和其他因素而言，糖似乎潜藏在世界日益严重的肥胖问题背后。如果要找一种体现了是由糖引起的肥胖问题，甚至最能加重肥胖问题的食物或饮料，那么，我们只需看看加糖软饮料。

第 15 章 软饮的真相

起初，糖作为一种添加剂，成功应用于热饮中，然而这远远无法与 20 世纪末糖运用于碳酸饮料或者非碳酸饮料所带来的影响相提并论。事实上，“二战”之后，由于软饮料行业的兴起，糖在全球的消费情况（以及后来其他的甜味剂）发生了翻天覆地的变化。非酒精性饮料、水基饮料、非碳酸饮料或碳酸饮料的种类繁多，其中大多数都发展成了高糖饮料。直至最近，英国和美国才发起了一项反对它们的运动。这些饮料有各种不同的口味，如水果味和浆果味，有时候甚至有蔬菜味，大部分饮料热量极高。事实上，这些饮料不仅成为造成肥胖的元凶，还引发了激烈的政治论战，甚至导致了开征惩罚性税收的问题。这类饮料起源于美国南部炎炎夏日里的一款简单茶点，那么它又是如何引发这一切的呢?

这些不含酒精的软饮料，如甜酒和自制果饮，在药用和止渴方面都有着悠久的历史，但主要还是用于止渴。尽管从 16 世纪开始，这类饮料就开始在西方国家流行，但它们源于更为古老的传统，可以追溯到古罗马时期人们能饮用的温泉水。由于人们怀疑水资源被污染，便开始研发碳酸矿泉水的实验，其中最为著名且历时最长的就是雅各布·施韦普（Jacob Schweppe）于 1792 年的实验。例如，在 1851 年的伦敦世界博览会上就售出了 100 万瓶汽水。这类饮料因其药用价值而得以推广，但它们是作为一种简单的茶点才在商业上取得真正成功的。新口味的汽水研发出来时，它们深受大西洋两岸民众的喜爱。其中，姜味汽水最受人们欢迎。

在美国，当地的药剂师发明了他们自己的软饮料。随着竞争的不断加剧，他们推出了各种新品种（汽水的口味、甜味和含气量迥异），以此来赢得北美和欧洲不断增长的城市人口的青睐。人们都竞相购买这些汽水，如沙士（墨西哥菝葜为主要调味原料的碳酸饮料）、根汁汽水和蒲公英牛蒡汽水。最终，这些饮料中许多都放弃了宣传其药用效果，而仅仅作为一种茶点向人们供应。尽管它们的受欢迎程度远高于此，但它们同样得到了参与戒酒运动人士的热烈支持，因为这可以替代酒精，从而避免酒精的危害。尤其是在美国的炎热夏天，数百万的人们喜欢并想要既提神又清凉，便宜且还不含任何具有危害性酒精成分的饮料。而所有这些饮料，其实都包含着一种核心的配料。这种从 19 世纪末到 21 世纪初一直称霸该行业的配料就是：糖。[1]

19 世纪末，廉价的软饮料在整个西方世界迅速盛行起来，如罗斯牌酸橙汁（酸橙汁在美国海军中有着悠久的历史）、澳大利亚的浓缩果汁饮料、大麦茶、柳橙汁饮料、黑加仑汁、蔓越莓汁和美国的葡萄汁。美国的软饮料革命实际上源于耶鲁大学科学家本杰明·西里曼（Benjamin Silliman）发明的“汽水机”。耶鲁大学的一所学院便是以他的名字命名的，他用杯子和瓶子售卖汽水。就如同其他饮料一样，汽水最初的宣传定位为药用饮料。但是新的口味生产出来时，“一个全新的行业就诞生了”。[2] 更加精致的新型汽水贩卖机发明出来了，顾客们可以选择自己喜欢的口味，而“汽水小卖部”很快就成为美国城市生活中必不可少的一道风景。据估计，到 1895 年，美国有 5 万家汽水小卖部。也就是在那 10 年间，人们发明了新型又安全的玻璃瓶子，于是汽水可以装进玻璃瓶子里进行销售，也可以作为外卖售至顾客家中、餐馆或者公园里。

通过将糖与水果、蔬菜、香草和调味品进行混合，人们设计出了大量的新口味汽水。美国顾客可以选择的甜味气泡水种类更是惊人。雄心勃勃的制造商们不断地谋求新的饮料品牌，同时也提防对手窃取他们的独家配方。起初，大多数人声称他们的饮料具有药用效果。胡椒博士饮料公司和可口可乐公司的产品都是在 19 世纪 80 年代投放到美国市场的，且它们都声称其饮料具有药用效果，但美国冷饮柜商业浪潮所带来的成功使得这一切很快就被人遗忘了。这两家公司将他们的秘制糖浆的特许经营权出售给瓶装商时，“现代软饮料工业便诞生了”，[3] 随之而来的是一个令人震惊的故事。

尽管美国软饮料生产商生产了含有多种口味和成分的饮料，但那种添加了从可乐果中提取的咖啡因，后来又添加了同等替代香料的饮料，迅速超过所有其他饮料。到 1920 年，这种可乐类饮料占据了美国市场的主导地位。[4]1930 年，美国可乐装瓶厂超过 7 000 家，每年生产量达 60 亿瓶，美国人的饮用量也大得惊人。1889 年，美国人大约喝了 2.27 亿瓶 8 液体盎司（240 毫升）的饮料，到 1970 年，这一数字增加到 720 亿瓶。在这个过程中，一种奇特的文化形象逐渐形成，甜甜的汽水成了美国的象征，而最著名的品牌名称似乎抓住了现代美国的精髓。可口可乐（1886）、百事可乐（1898）和胡椒博士（1885）都起源于美国南部当地药店，驻店的汽水销售人员尝试将糖和气泡混合在一起做出有自己品牌特色的汽水。这就使得他们仿佛发现了液体黄金一样。美国人均饮料消费量突飞猛进，从 1889 年的 0.6 加仑（2.73 升）到 1929 年的 3.3 加仑（15 升），再到 1969 年的 23.4 加仑（106.4 升）和 1985 年的 44.5 加仑（202.3 升），此后这个数据仍在不断上升。如今，美国国外的饮料销售额占比越来越高。[5]

当然，所有这些饮料中，全球最著名、最被人认可的就是可口可乐。该产品的现代数据更令人惊叹。2012 年，该公司的产品销往 200 多个国家，日销售量达 18 亿件，也就是说全球每 4 个人中就有 1 个人购买了这种饮料。可口可乐是美国第 22 大盈利公司，收入超过 480 亿美元，其净收入为 90 亿美元。“到了 21 世纪，可口可乐征服了全球，其市场规模无可匹敌。”这一切都源于 1886 年还是专利药品（即非处方药）的一种商品。

令人称奇的是，可口可乐公司从1886年到1950年一直能够将1瓶可乐的价格控制在5美分。他们的自动售货机周密地分布在美国公路网和车站沿线，所有废弃的汽水瓶都可以换取5美分的硬币。就如同大多数同类竞争产品一样，可口可乐是一种含糖量很高的产品。最初的配方是每加仑糖浆加入5磅（2.27千克）食糖。到了1900年，每6液体盎司（180毫升）的汽水就配有4勺（20克）糖。结果就是：即使早在1910年，可口可乐已成为"世界上最大的食糖工业消费者"。那时，每年可口可乐消费食糖量约为1亿磅（4.5万吨）。[6]

20世纪初，热带地区的糖的生产者以及美国种植甜菜的农场主为其提供了充足的糖，正是这廉价的糖成为可口可乐成功的关键所在。此外，整个饮料行业还从美国政府的补贴和糖税制度中获益。在新的软饮料公司开始向它们的新发明中注入前所未有的糖分时，食糖的价格已经下降，然而那些生产商对于食糖的需求似乎永不满足。例如，可口可乐公司1890年消费了4.4万磅（20吨）糖。30年后，糖的消费量上升至1亿磅（4.5万吨）。美国政府对制糖业的支持，实际上不仅促进了制糖企业的繁荣，还促进了依靠廉价糖生存的新兴饮料公司的繁荣。因此，美国糖料种植区的政治和战略利益成为美国外交政策的关键因素，这也就不足为奇了。这就好像美国的外交政策和糖的利益是一体的。[7]

即使一战期间，可口可乐公司与其他公司不得不将糖的消费量减少 50%，但其依然得以继续蓬勃发展。然而，即使是在这样的情况下，该公司也能够利用宣传报道来强调其通过遵循新的糖配给制度对美国税收做出的贡献，使得事情变得对他们有利。尽管百事可乐因在加勒比海地区投资不善而暂时破产，但战后糖价下跌对软饮料公司来说，就是一个喜讯。与此同时，软饮料工业成为华盛顿主要的说客，他们热衷于维持廉价糖的供应。

20 世纪 20 年代和 30 年代，软饮料公司成为美国所有食糖政策相关事务的主要说客。与此同时，可口可乐公司确立了其主要软饮料生产商的地位。得益于一系列明智的商业决策、具有说服力的广告，以及联邦健康专家在批准主要饮品方面所给予的帮助，可口可乐公司迅速发展起来。它们的成功还与两次世界大战期间美国道路交通运输的大规模扩张有关。可口可乐公司在 50 万个加油站安装了新的售卖机，乘坐公共汽车出行的旅客可在全美国的公共汽车终点站售卖机处购买饮料。可口可乐公司也开始拓展其海外业务，在缅甸、南非等 28 个国家开设了经销店。[8]

在此次业务拓展中，糖的销售量巨大。二战爆发前后，仅可口可乐公司一家公司一年就消耗了 2 亿磅（约 9 万吨）糖，显然其需要保护它们至关重要的糖供应商，而且成本不能过高。“二战”后，尽管饮料公司还是和“一战”期间一样受到糖配给的限制，但是美国联邦政府还是再次采取干预措施来稳定糖价。可口可乐公司恢复了其“一战”时使用的策略，即向公众，尤其是向美国政府，宣扬自己是一家爱国企业，其饮料在战时是一种至关重要的推动力；使处于战争时期高压之下的战士精神振奋，对于士兵来说，这种饮料尤为重要。事实证明，由于公司和产品的转型，可口可乐成为战时的一种必需品，而不是一种无法企及的奢侈品。

可口可乐与香烟一样，在美国内外都大力宣传其在战争中起到了至关重要的作用。受特别委托的官方报道和广告也宣传了同样的思想。甚至连美国公共卫生局署署长也被招募到这项工作中："在神经紧绷的时候，就和英国人会来一杯茶、巴西人会来一杯咖啡一样，美国人则会来一杯碳酸饮料，一扫之前的紧张与疲惫。放松之后，他们会精神满满地回到工作中。而这样的一杯小酌并不会造成胃部的不适。"然而，最高明的是他们为可口可乐争取到了军方支持，这有着无法估量的商业价值。美国军队说服政府免除可口可乐的糖配给限制，并允许其饮料运往全美军事基地以及所有战区。1942 年 1 月，艾森豪威尔将军下令每月为美国军队供应可口可乐。因此，可口可乐公司以政府规定的价格购买食糖，接着获得了独家进入美国在欧洲和亚洲战场这一广阔市场的特权。仅在 1944 年，可口可乐公司利润就暴涨至 2 500 万美元。[9] 对于刚从破产中恢复过来的百事可乐公司来说，这是一次重创，因为百事可乐没有获得军需合作的机会。可口可乐的特权地位使其遥遥领先于所有商业对手。二战期间，可口可乐公司向美国军事基地以及国内的军队福利店销售了 100 多亿瓶可口可乐饮料，占美国所有军需软饮料销售量的 95%。[10]

可口可乐公司通过大量的美国军事装备来将其产品运送至美国在全球范围的军事基地。珍珠港事件后，可口可乐公司主席罗伯特・伍德鲁夫（Robert Woodruff）充满爱国情感地宣布道："可口可乐公司将不计成本地为驻扎在世界各地的美军提供 5 美分一瓶的可口可乐。"

美国军人对可口可乐难以抑制的渴望，将可口可乐传播至全球的各个角落。可口可乐公司员工（绰号为可口可乐上校）随军辗转，建立装瓶厂和配送系统，将汽水送达部队。同样重要的是，美国军方高级将领，如巴顿（Paton）、麦克阿瑟（MacArthur）和奥马尔・布拉德利（Omar Bradley），特别是欧洲盟军最高指挥官艾森豪威尔事实上也认可可口可乐。艾森豪威尔和马歇尔将军签署订单，特许从美国向欧洲战区运输可口可乐和建立可口可乐工厂，而这一切都发生在那个重要军事设备运输能力匮乏的时代。[11]

自从美国加入二战时，军方高级官员就称赞可口可乐可以很好地鼓舞士气。艾森豪威尔是其中最突出的人物，他认为这种饮料能让士兵们精力充沛、心情愉悦。他的指挥官们也认同这一观点，从世界各地签署可口可乐申购单。也许更令人惊讶的是，军方实际上支付了所有战区可口可乐设备的运输费用和建设费用，而且所有这些活动背后的劳动力都是军方提供的。尽管可口可乐公司派出了 248 名员工来指导操作，但实际上劳动力和技术是由陆军和海军工程师提供。“二战”结束时，美军已经建立了64个可口可乐装瓶厂，大部分都雇用美国士兵为其工作。这一切反响巨大。1941年到1945年，美国军方从可口可乐公司购买了100亿瓶软饮料。

所有人都坚信，可口可乐对他们来说是至关重要的。对于数百万的美国军人来说，这是一种难忘的家乡味。在美国本土，可口可乐的广告向美国人树立了其爱国的形象。饮用瓶装可乐已经成为美国人的一种生活方式。同样的形象变得全球化了，全世界的人们开始把可口可乐看成是典型的美国式风格，“我们生活方式的象征”。[12] 整个战争时期的广告宣传中，可口可乐公司通过印刷、广播和一系列教育出版物，以此为主题不断地进行贸易。然而，最为重要的是，在新几内亚或者北非，最珍惜可口可乐的是思家心切的美国年轻军人。从成千上万封美国士兵寄回家的书信中节选出的内容就证明了这一点：

……我一直认为这是一种美味的饮料，然而在一个几乎没有白人涉足的岛上，这根本就是天赐之物……

……不过，几天前，我们3个人步行10英里（16千米）去买了一箱可口可乐，然后带了回来。你永远不会知道这多么美味……

……你们所给的圣诞礼包点睛之笔就在于瓶装可口可乐。你们是如何想到要配送这些饮料的呢！

……能喝到这种饮料就感觉像离家更近一点一样……

……如果有人问我们为什么而战，我想半数人都会回答说我们为有权再次购买可口可乐而战……[13]

盟军越过莱茵河进入德国时，“可口可乐”一词甚至被用作军事暗号。尽管他们用这一事件来诋毁美国，但可口可乐并没有在轴心国失去其影响力。用一位纳粹宣传者的话说：“美国没有为世界文明做出任何贡献，除了口香糖和可口可乐。”事实上，战争证实了这一点，美国士兵将可口可乐作为美国地理标志性的礼物送给盟友和在敌方的朋友时，他们喜欢可口可乐的味道。伟大的商业奇迹的温床就此产生——战后可口可乐美味和需求的全球性传播。从非洲到斐济，从印度到冰岛，当地人在战争中从美军那里第一次尝到了可口可乐。

在发动这场军事援助的商业剧变的同时，可口可乐公司还积极地呼吁全世界有影响力和有钱的人，邀请他们投资新的可口可乐工厂，声称这种饮料有利于当地的商业和发展。从印度到巴西的富豪们获得了可口可乐的装瓶和分销合同。不过，可口可乐公司未能说服美国政府，成为“马歇尔计划”（“欧洲重建计划”）的一部分，尽管可口可乐在战时全球影响力巨大，但其战后的直接财富却有所下降。另一方面，由于实行了强有力的，新型管理方法，并进行了大力的宣传，百事可乐得以重整旗鼓。但是，随着可口可乐公司在美国境外的大规模扩张，20 世纪 60 年代采取新的管理模式，这种情况再次发生了变化，仅在 1960 年就有 40 多家新工厂开张。[14]

战后兴起的一种新的餐饮现象改变了可口可乐在美国的地位：麦当劳和其他快餐连锁店，如塔可钟（1946 年）、汉堡王（1954 年）和肯德基（1952 年）。麦当劳所有的快餐店沿着在艾森豪威尔总统任期内修建的高速公路快速发展起来。麦当劳遵循了可口可乐早期经营模式后，采用了特许合作者加盟的方式经营它们的连锁餐厅，到 1960 年就已经有 250 家餐饮店，1970 年其规模扩大到 3 000 家。麦当劳创始人雷·克罗克（Ray Kroc）也是可口可乐的超级粉丝，所以他选择可口可乐作为麦当劳不断扩张的连锁店的专属软饮料供应商。到了 2000 年，麦当劳成为可口可乐最大的客户。对于软饮料巨头来说，这是一次完美的交易。在此次扩张的过程中，它们仅需在设施上进行少量投资，就足以满足它们对饮料的巨大需求，因为装瓶和分销业务已经授权给当地的公司。正如我们之前所看到的，几乎没有人能够研发出炼金术，但是现在可口可乐在商业上已经尽可能地接近了，该企业将一种不起眼的软饮料转化成了难以想象的、如同黄金般的巨大利益。

带领可口可乐在战后世界占据卓越地位的是罗伯特·伍德鲁夫。他在“二战”中取得的成功便是在美国军方的支持下将可口可乐推向世界各地。同谷物早餐的生产商一样，伍德鲁夫也意识到确保年轻人对产品的忠诚和对产品味道喜欢的重要性。美国儿童在很小的时候就知道可口可乐，那时正是他们在家庭、玩伴以及当地邻居中形成习惯的时期，这些习惯将永远延续下去。“二战”后可口可乐公司的成功之处在于：它建立了消费者对产品的忠诚，并且达到了其他企业所无法企及的规模。当其他饮料公司也能够取得巨额利润时，可口可乐公司已成为一个与众不同的存在。它的名字和商标开始出现在美国人享乐的主要场所，而且由孩子们和年轻人崇拜的体育明星和电影明星所背书。因此，饮料和享受，一瓶或一罐可乐和快乐的童年经历之间建立起了联系。

可口可乐的市场迅速扩至了整个世界。到 1971 年，尽管事实证明有的地方抵制可口可乐，但是其一半以上的利润还是来自于美国以外的市场。在一些地区，如中东、非洲和东南亚，公司不得不为装瓶厂投资兴建新的水利设施。涉足昂贵的海水淡化和水文风险领域使公司付出了巨大的代价。尽管如此，公司利润依然达到了令人瞠目结舌的高度：1954 年高达 1.37 亿美元，30 年后增至 25.8 亿美元。[15]

在这几年的大规模扩张中，可口可乐公司从美国援助项目中受益，这为可口可乐海外项目提供了资金，从而获得援助以种植糖料和柑橘类水果，还建立了新的装瓶厂。可口可乐公司出资数百万美元在加勒比海地区、非洲和亚洲开发项目。为了改善当地供水不足的问题，可口可乐公司说服美国政府支持其在全世界建立装瓶设施。事实证明，联邦政府的资金和担保，与热衷于在世界各地销售软饮料的新一代雄心勃勃的企业高管的结盟，是一种强有力的组合。尽管有失败，也有瑕疵，但是由此产生的水计划为许多贫困地区首次带来了干净的水，这也证明软饮料工业具有巨大优势。

然而，在水资源短缺的地方，可口可乐公司发现自身卷入了政治和法律冲突中。灌装可口可乐需要大量的水，有时候当地的反对者甚至设法中断和阻止其生产。在一个越来越需要注意积累和保护全球水资源的世界里，软饮料行业已经卷入到世界上主要的环境斗争之中。令人惊奇的是，是水拯救了他们的商业。[16]

从 20 世纪 80 年代开始，软饮料公司就从美国惊人的瓶装水新需求中受益。瓶装水经济的增长也促进了软饮料的销售，尽管这听起来有点奇怪。在某种程度上，这与老旧市政设施的衰败有关。美国传统的市政和城市设施（尤其是供水设施）正在崩溃，多起自来水被有毒物质污染的重大丑闻使得饮料公司有了可利用的机会。他们的产品，如瓶装水或汽水，似乎比自来水更优质、更安全。随着美国人均自来水消费量的下降，人们开始消费那几家大饮料公司的瓶装水产品。[17]

犹豫再三后（同时在百事可乐成功案例的刺激下），可口可乐公司最终在 1999 年推出了自己的瓶装水品牌。这是一个立竿见影而又辉煌的成功，简直令人难以置信。软饮料公司以每加仑非常低廉的价格从市政府购买水，在瓶中加入一定程度的矿盐，然后以 4.35 美元的价格售出。不出所料，这些公司也反对自来水，并且在大众媒体面前贬低它。[18]

这就是一个庞大的全球企业的起源。各式各样的瓶装水改变了我们许多人的饮用习惯。到 2013 年，全球瓶装水市场规模为 1 570 亿美元，预计到 2020 年将达到 2 800 亿美元。仅在英国，2015 年的零售价值就达到 25 亿美元。这些都是因为一种从天而降的物质。[19]

尽管自二战以来，全世界数百万的人都饮用美国软饮料，但是这些饮料取得最大的成功仍是在他们最初开始的地方——美国。一个多世纪以来，软饮料业务一直围绕着大量廉价糖的供应而展开。糖一直以来都是使汽水流行的核心成分，但是到了 20 世纪末，人们对于汽水的摄入越来越多，加上饮食习惯的改变，这对他们的身体健康造成了灾难性的影响。在美国，起初人们偶尔拿甜甜的软饮料招待他人，后来饮用软饮料变成了持续性的日常习惯。20 世纪 50 年代，高热量软饮料的年人均消费量为 11 加仑（50 升），50 年后则上涨至惊人的 36 加仑（163.7 升）。在这一过程中，美国人每年仅仅在软饮料方面就消耗了 35 磅（15.89 千克）的甜味剂。

糖成了一大问题。在 20 世纪的大部分时间里，糖一直是美国政治和经济争论的话题。1974 年，美国国会结束了原来旨在保护美国糖利益和控制糖价格的旧式糖配给制度。饮料和糖果店游说团体希望这会使它们仍能获得更加便宜的糖，但是事实却恰恰相反。起初，糖价大幅上涨，然后又剧烈波动。到了 20 世纪 70 年代末，美国糖业非常渴望回归到联邦保护提供的稳定环境中。对于它们来说，软饮料公司已经厌倦了依赖不稳定的全球糖价和糖供应，并且开始寻找可替代的甜味剂。答案近在咫尺。[20]

在药剂师的实验室实验的推动下，人工甜味剂的研究始于19世纪末。例如，糖精发现于1879年，并于1914年后投入市面进行售卖，并在糖短缺的战争年代里蓬勃发展。另一种主要的甜味剂——甜蜜素则出现于1945年后，这些产品的各种组合吸引了软饮料公司，尤其是从20世纪50年代起，它们经过早期的实践，生产出一种低热量的主打产品。然而，在20世纪六七十年代，人们对于人造甜味剂对人体健康影响的担忧，以及美国食品药品监督管理局（FDA）对此类产品越来越严格的审查，使得寻找安全的新型甜味剂变得更加迫切。该问题的解决方法似乎是添加纽特健康糖（阿斯巴甜）。生产者意识到，该产品的未来与软饮料市场息息相关。由于利润大增，阿斯巴甜制造商还成为庞大的孟山都集团的一部分。

到了20世纪末，人们对于人造甜味剂和健康问题，以及糖对全球肥胖影响的关注与日俱增，就人造甜味剂问题产生的公司间竞争以及在法律层面上的明争暗斗变得激烈起来，但考虑到甜味剂的全球市场价值，或许这一切就不足为奇了。市场的领头羊阿斯巴甜的年销售额为30亿美元；接下来的12种主要产品的总价值为35亿美元。[21]然而，美国甜味剂革命起源于美国农业中一个看似不大可能出现的领域。

随着 20 世纪 30 年代的大萧条时期联邦干预政策的实施，美国的玉米业就如同美国糖业一样受到高度保护、严格的管制，并获得高额的补贴。美国中西部的农场主生产出越来越多的玉米，部分农场主使用了新式、科学研发的玉米品种，部分农场主使用了创新型高度机械化的耕作系统和设备。最终的结果是，到 20 世纪末，美国的粮仓满得都要溢出来。这个国家的农场主生产出的玉米产量远远超过美国人能够消费的量。

从玉米中提取甜味剂，对于农业科学家来说并不陌生，甚至在 19 世纪末期，美国市场上已经有许多以玉米为原料制成的甜味剂，还有许多专门研究玉米甜浆的公司。但是这些甜味剂的味道却不太好。然后到 1957 年，科学家们偶然发明了制作高果糖玉米糖浆（高果糖浆）的工艺流程。起初，它比糖贵，但是美国通过立法改变了这一切。1973 年通过的农业法案为农场主颁布了一项补贴，允许他们想种多少就种多少玉米，同时通过联邦补贴保证他们的利润。于是，高果糖浆就随之变得便宜了，一项新的制作工艺甚至使其比蔗糖更甜。首先是美国，接着全球，对市场上甜味剂的需求都发生了彻底的变化。

可口可乐对其核心产品的改良持谨慎态度，曾尝试在一些知名度不高的饮料中使用玉米甜味剂。他们发现消费者并没有不满，于是在 1980 年，可口可乐公司就将蔗糖换成了高果糖浆。1985 年，玉米糖浆成为该公司在美国所有主要饮品的甜味剂。一如既往地，美国越来越多的糖果业紧随其后，很快玉米糖浆成为美国的主要甜味剂。到了 20 世纪 80 年代中期，大多数软饮料生产商已经完全使用高果糖浆；而直到最近，研究人员才揭露其可能对健康造成伤害。这种甜味剂很快就渗透到更加广阔的糖果市场和食品市场，并且广泛应用于番茄酱、饼干、蛋糕、糖果等各种产品中。[22] 可以说，这种甜味剂所带来的影响是惊人的。

最重要的是，从公司的角度来看，这种新的甜味剂大大降低了软饮料的生产成本。可口可乐公司也进行了一项重要的营销变革，他们加大了瓶子和罐子的尺寸，该变革同样产生了深远的影响。饮料生产成本大大下降的同时，该公司对于更大容量的饮料仅多收了几分钱。因为玉米糖浆很便宜，“这么做是值得的”。软饮料的规格增加了：起初 12 液体盎司（360 毫升）的容器，然后使用 20 液体盎司（600 毫升）的容器，后来甚至采用 64 液体盎司（1 920 毫升）的“桶”。所有这些都与可口可乐的最佳盟友麦当劳（麦当劳在 20 世纪 90 年代就有 1.4 万家分店）及其独创的“超大份”食品息息相关。

20 世纪 50 年代，麦当劳只供应小份的薯条。1972 年，麦当劳供应大份薯条，1994 年开始供应超大份薯条。他们甚至用“大号快餐”这一词来推销他们的产品，作为竞争对手的快餐连锁店也采用这种推销模式。

20 世纪 80 年代，这些公司推出了他们的超大型产品：20 液体盎司的瓶装饮料添加15茶匙（60克）的甜味剂，1升的瓶装饮料添加26茶匙（144克）的甜味剂，甚至64液体盎司的饮料添加44大茶匙（176克）的甜味剂。随着这些食物变得越来越大，孩子们喝得也越来越多。到了1995年，美国每3个孩子中就有2个平均每天喝20液体盎司（600毫升）的饮料。在其发展的鼎盛时期，一杯大份可乐就含有310卡热量。[23]

最终的结果就是，除了利润增加外，人均软饮料消费量从1985年的28.7加仑（130.5升）大幅增长至1998年的36.9加仑（167.8升）。目前，高果糖浆占美国所有甜味剂消费量中的50%。它还成为日益增长的医学和科学审查的焦点，因为人们越来越关心高果糖浆对各类健康问题的影响。

这些有关饮食的统计数据背后的故事，无异于一场人类革命。美国人开始摄入越来越多的热量，而这远远超出他们所需要的热量。1950年，含热量的甜味剂人均消费量刚好超过100磅（45.4千克）；30年后，这一数字超过125磅（56.7千克）；2000年达到了153磅（69.4千克）。尽管看起来很奇怪，但这与美国农业之间有着必然的联系——美国的农场主获得补贴，这助长了“过度食用富含碳水化合物甜味剂的不良趋势”。[24]

这一趋势变得更加有力且影响深远，是因为美国社会性质本身发生了巨大的变化，尤其是在就业和居住地方面。美国已经成为一个高度城市化的国家，许多美国人从事非体力劳动，长期伏案工作，80%的美国城市员工就职于服务业。越来越多的劳动力从事劳动密集程度较低的职业，而这些职业所需要人们摄入的热量比前几代人要少得多。日常通勤就是一个很简单的例子，越来越少的人步行去上班。20 世纪最后的 40 年里，美国开车上班的人数由 4 000 万增加到 1.1 亿，平均往返时间为 50 分钟。2003 年，每天进行某种形式锻炼的美国人不到 20%。随着美国人越来越习惯久坐，而食物也变得更为便宜，他们摄入的热量由此也就更多了。[25]

而在这一切背后让人觉得讽刺的是，人们居然在这一过程中得到了高额的补贴。多亏美国的纳税人，软饮料和汽水才能既便宜又很甜。数十亿的税收（仅 1983 年就有 57 亿美元）用于补贴玉米生产，因而美国人的肥胖问题本身就得到了税收的补贴。从 1971 年到 1974 年，只有 14%的美国人肥胖；到了 20 世纪 90 年代中期，这一比例上升到 22.4%；而到了 2008 年，超过三分之一的美国人肥胖。原因似乎很简单："美国人将多余的糖分转化为脂肪。"[26]

很显然，美国的肥胖症与高糖软饮料的消费有关。当然，这种模式在整个国家人口分布上是不均衡的。在少数群体，尤其是贫困人口，肥胖人士的占比非常高。在许多收入低、主要依靠救济金生活且离商品售价适中的食品店较远甚至是没有食品店的社区，一个便宜的汉堡和一杯碳酸饮料往往是人们唯一负担得起的饮食方式。这也不是一种特有的美国模式。美国发生的饮食革命在全球各地都有所体现，它对全球健康的影响是巨大的。全世界有数以百万计的人食用越来越多批量生产的加工饮料和食物，所有这些饮料和食物都含有过量的甜味剂，并且其中数百万人正变得越来越胖。糖，曾经是一种奢侈品，后来是一种必需品，而现在却成了我们的敌人。

可口可乐公司用激进的营销策略推销着自己的产品，尤其是在美国国内以及欠发达国家的穷人中进行推销，甚至因此还疏远了该公司的一位高管。曾经担任北美和南美大区总裁的杰弗里·邓恩（Jeffrey Dunn）公开表示，他和其他许多人现在对碳酸饮料（和工业化食品）对健康的影响保持怀疑态度。该公司正致力于向那些在美国和世界各地买不起饮料的人销售越来越多的饮料，这些人几乎没有足够的资源来满足正常生活的基本营养需要。可口可乐公司的广告变得如此有影响力，以至于可以说服全世界不那么富裕的人们以牺牲更重要的商品为代价来购买可乐。贫穷的人依然很穷，然而他们却也越来越胖了。这是一次非同寻常的历史性巨变。几个世纪以来，富人往往会超重，放纵的有钱人会被描绘成胖子。如今，现实已经完全颠倒过来了，穷人变成了世界上最胖的人。杰弗里·邓恩毫不怀疑日益增长的肥胖率与人均含糖软饮料的消费有关。

甜味剂的重要性甚至在 20 世纪 80 年代可口可乐和百事可乐这两大饮料巨头之间进行激烈的竞争中也已经得到证实。他们互相斗争到彼此陷入停滞，其中一方有时会超过另一方，一方声称自己的汽水比另一方的更甜或更美味，然而双方都受到不断上涨的消费浪潮所影响。尽管存在竞争，但两家公司依然蓬勃发展，并且向他们的粉丝销售了更多的饮料。他们如何评价对方似乎不再重要，因为双方都得以蓬勃发展，并且也都是靠卖含糖饮料发家的。

1980 年，可口可乐公司不再使用较为昂贵的精制糖，而改用更加便宜的高果糖玉米糖浆，它们的利润甚至更高，营销预算也是如此。到了 1984 年，这个数字达到 1.81 亿美元。可口可乐的目的是说服人们购买更多的可乐，而且他们做到了。1997 年，美国人每年喝 54 加仑（245.5 升）碳酸饮料，而可口可乐占整个市场 45% 的份额，其销售额上升到 180 亿美元。但是健怡可乐仅占销售额的 25%，而绝大多数人都是喝含糖饮料，每年能喝掉超过 40 加仑（181.8 升）的含糖饮料，也就是 6 万卡路里，相当于每人 3 700 茶匙（18.5 千克）的糖。[27]

可口可乐的消费情况似乎完美地验证了“帕累托法则”，即 20% 的投入就有 80% 的产出。在这种情况下，20% 的人口实现了可乐 80% 的消耗量。然而，更加令人震惊的是，这 20% 的人处于社会底层，大多是低收入人群和无家可归的人，他们只能勉强将不多的钱花在一种饮料上，而且这种饮料并不能给他们提供什么营养价值。但公司的营销策略就是说服那些贫穷的人喝更多的饮料。

公司瞄准的另一个市场就是年轻人，因为他们将会是终身喝可乐的人。尽管公司制定了不向 12 岁以下孩子做广告宣传的政策，但除了直接电视宣传，还有许多方法可以激发孩子对饮料的兴趣。可口可乐的名字、标志和形象在孩子们经常休闲玩耍的地方随处可见。

而且，通过认真的市场调查和研究，可以找出年轻人可能会去的自动售卖机和店铺。将饮料放置在最具有营销战略价值的重要位置，如街角的商店以及超市里，从而说服人们去冲动消费。[28]

在这背后是根据最详尽的项目类别，如农村和城市、社会经济阶层、年龄、性别和种族等等，对美国人购物以及消费习惯做了一个市场调查和详尽的细分分析。因此，它们不仅能够在全美国主要的超市，且更重要的是，还能在当地的便利店找到它们的目标群体。在那里，饮料的摆放位置也是为了抓住顾客的眼球，比如附近学校的孩子，吸引他们来消费。因此，20 世纪末美国的街角小店成了赚钱的企业，它们的利润主要来自年轻顾客们喜爱的甜味饮料和零食。这就导致出现了大量的街角小店，越来越多的软饮料和零食从这些商店涌出来，流向更加年轻的顾客的手里。[29]

正是在这些便利店里，可口可乐饮料公司在这个国家的年轻人中建立了非常高的品牌忠诚度——“让其年轻，你将终生拥有”。这是对罗伯特 · 伍德鲁夫几十年前首次提出的原则的一种复兴和确认。对于反对者来说，似乎所有这一切还不够糟糕，所有软饮料和零食的主要生产商都强势争夺发展中国家的市场，这些国家在某些情况下发展迅速，但仍有大量人民遭受严重的贫困。为了吸引这些人群，大型的国际公司开始生产小包装容量的饮料和零食，由于尺寸较小，所以这些饮料和零食显然就便宜得多。[30]

因此，糖一直在美国软饮料悠久的历史中占据着重要的地位。在战后的岁月里，美国人将果粉饮料里加糖和水混合，和全家人一起享用。在顶峰时期，那些粉末状的饮料带来了 8 亿美元的收入。快到 20 世纪末的时候，这些粉末状饮料添加了水果口味，于是孩子们就成为发送传单和广告邮件的目标。当同样的饮料得以重新包装，并以小包装容量形式出售时，这些饮料变得非常受欢迎。所有这些包装都配上了具有健康和营养含义的图片，而且最重要的是，这些图片内容引人入胜。但是，食品科学家也在努力研发新的水果口味，并且寻找合适的甜味剂。他们找到了比糖本身更甜的纯果糖。一旦果糖的不足之处得到解决，食品生产商就会在产品中使用果糖，并且声称这对人体有好处。当糖因为出于健康问题的担忧而受到严重的攻击时，这使得食品工业有了可乘之机。纯果糖似乎就成了解决人数日益增多的反对过量摄入食糖人士所关切问题的方法。进一步的研究表明，蔗糖和玉米糖浆也有可能引发健康问题，尤其是心脏病，虽然这需要 10 年甚至更长的时间。如今，由于科学陪审团仍在考察这个问题，许多反对者认为果糖和蔗糖一样危险。[31]

然而，食品生产商也能找到其他的甜味来源。20 世纪初，在寻找具有商业可行性且是安全的甜味剂这场持久战中，“浓缩果汁”作为一个强有力的武器出现了。显然科学和广告再次炮制了另一个炼金术士的梦想，直到在法庭上遭到了质询。我们现在有了另一种甜味剂，在许多情况下，它完全丧失了营养价值。

甜味是用来瞄准和吸引美国儿童必不可少的诱饵。似乎所有的大公司都积极行动确保孩子对甜食的忠诚度。这些甜食产自于美国工厂，并流入超市及街角商店，最终进入年轻人的手中。然而，要衡量食品公司是否成功，不仅要看公司的财务报告，还要考虑到美国人民不断增加的腰围。随着食品公司在甜食产品上赚得盆满钵满，他们的顾客也真的变胖了。世界各地数以百万计的消费者也是如此。美国率先出口的是甜味软饮料和前所未有的肥胖症。

我们能做些什么呢？食品行业拥护者有句口头禅，这也是对这个问题最常见的回答，即每个人可以有自己的选择，没有人被迫去购买含糖食物和饮料。消费者能够抵制现代饮食的诱惑，并且关注自身的健康。数百万人开始加强自我控制，久而久之，另一个竞争行业出现了，比如个人健康、饮食、健身、时尚饮食，其中大部分人追求的不仅仅是健康的身体，还有完美的身材。尽管如此，要想扭转全球性肥胖的趋势，很显然还需要更多的努力。

第 16 章　扭转趋势——征收糖税及其他措施

人们对肥胖的问题认识日益加深，并引起了各种各样令人困惑的反应。国际组织，特别是世界卫生组织发起了反对过量摄入糖的全球倡议，然而一些感受到因医疗资源匮乏带来的压力的个别政府视糖是罪魁祸首，则转向了对含糖饮料征收“糖税”的想法。[1] 从个人角度来说，数百万的人开始以自己独特的方式，比如通过节食、锻炼和养生等方法来对付肥胖和缺乏活动的问题。在此过程中，满足人们需求的新兴产业出现了，比如更健康的食品、节食和锻炼计划以及收费高昂的健身中心，整个文化已经发展成为对抗全球肥胖趋势的一剂良药。

如今，人们的饮食种类繁多，有些是切合实际的，在医学上是认可的，其他的一些饮食则依据于非常隐秘或是具有危险性的原理和观点。专业杂志、批量发售的饮食类书籍、电视节目、专卖店和商店、养生法、减肥药、健身房，所有这一切甚至更多，都为人们提供了另一种生活方式，从而与甜食和肥胖症对抗。

关于肥胖的争论已经从医学和营养学蔓延至更加广泛的关于环境问题甚至是地球未来的社会讨论中。苏西·奥巴赫（Susie Orbach）的《肥胖与女权》一书把关注体重和自身形象作为性别政治中的重要问题，而这本书也成为妇女运动史上的一个重要转折点。

与肥胖形成鲜明对比的是对运动的狂热崇拜和对健康完美身材的追求。不同年龄、不同体型和不同身高的人熙熙攘攘地汇聚到一起慢跑、散步、游泳和骑车，所有这些行为都见证了人们对抗肥胖及健康威胁的决心。体育馆成为城市景观的一部分，其中许多都有平面玻璃窗，路人可以透过玻璃看到里面的活动，惊奇地看着许多人在昂贵的锻炼设备上挥洒汗水，而设计这些机器就是帮助人们的身心保持一个健康的状态。当然，要将体重保持在可接受的健康水平。

据估计，2015 年，每 8 个英国人当中就有 1 个人（其中仅伦敦就有 150 万人）会去健身房。进一步估算，英国的 6 312 家“健身机构”，其市场价值约 43 亿英镑。如今，人们将这种现象当成是“一个产业”来公开讨论，而这项产业的支持者和投资者每年都享受着丰厚的利润回报。当然，在美国，这个数字更惊人。据估计，目前美国约有 3.6 万家健身馆，会员人数达 5 500 万人，在 2016 年创下 258 亿美元的年收入。向这些地方出售的体育器材总价高达 51.2 亿美元。统计发现，2015 年，全球约有 1.51 亿人去过这样的健身中心。[2]

而全球饮食业的数据甚至更令人难以置信。现在英国仅饮食业一年的产值就达到20亿英镑，而英国国民医疗服务体系（NHS）在事故和紧急服务方面的支出仅为23.3亿英镑。在美国，这个行业每年的产值高达600亿美元。但是我们还需要结合快餐行业的一些财务状况来进行考察。例如，麦当劳的广告预算是20亿美元。每年还有30亿美元广告费用于儿童类速食谷类早餐。

这些数据让我们对身边巨大的金融和商业力量有了初步的认识。一方面是食品和饮料行业，以及它们至关重要的广告盟友；另一方面是一个庞大的医疗联盟以及它的支持者，即必须解决肥胖问题的人和提供商业减肥方案的健身机构联手合作。肥胖问题愈发严峻，而其背后的商业力量又是如此强大，以至于政府在如何最好地解决这个问题上犹豫不决。

到21世纪初，人们清楚地认识到，肥胖是全球化所带来更广泛影响的另一后果。这种情况主要归功于现代食品和饮料所带来的负面影响，而这一切都少不了全球商业巨头的推波助澜。然而，就国家层面来说，这一问题本身就显得更加直接、更加令人担忧了，各国政府需要找到适合本国肥胖问题的解决方案。每个国家的反应都有所不同。就英国而言，2015年公共卫生部门公布了一项重要的报告——《减糖：必须采取行动的证据》，使对这一问题的争论达到白热化状态。报告毫无保留地对肥胖问题进行了尖锐的评论，并简明扼要地概述了一下证据。和许多其他国家一样，英国不仅发现本国深陷肥胖的困扰之中，且肥胖人群的规模也是前所未有的，同时也面临着所有常见的健康隐患。

2015 年英国的这份报告将抨击的矛头直指糖。开篇第一句话就奠定了基调："我们吃了太多的糖，这对我们的健康有害。"这一事件的支撑证据是确凿的：在英国，约 25% 的成年人，10% 的 4—5 岁儿童和 19% 的 10—11 岁儿童被认为是肥胖的，其中也有相当多的人超重。[3]

然而，这份报告仅仅是英国社会各界和政治界长期关注肥胖问题的最新体现。在 21 世纪初，公众对肥胖问题的恐慌情绪日益高涨，政府报告、医疗咨询以及媒体上大量的文章和节目都报告了这个问题，其中最引人注目的是杰米·奥利弗（Jamie Oliver）等名厨的报道和节目。所有这些都使得肥胖问题成为公众及政治关注的焦点。这不再是一件可以忽视的事情了。

在某种程度上，这个问题是无可争议的，因为它是如此显而易见。我们每天都可以在生活中看到关于肥胖的例子。但是，医疗专业人员也正在努力解决肥胖所带来的后果。尽管肥胖问题对英国国民医疗服务体系的影响是毋庸置疑的。但是问题的根本原因却并不是那么明显，而且还颇有争议。上述 2015 年的报告称："光是肥胖及其后遗症每年就让英国国民医疗服务体系损失 51 亿英镑……"并且声称，"毫无疑问，这个问题的主要原因是国家食品和饮料中含有高浓度糖分。"[4]

短期来看，这是"二战"产生的深刻变化，而这种变化改变了人们与食品和饮料的关系。首先，从实际情况来看，食物变得比以往任何时候都便宜。但是食物本身也有所不同，大部分食物经过加工和工业化处理，在处理过程中大量地使用了糖。而这些食品的营销和销售方式也非常不同，大部分是在超市进行售卖。乍一看，在任何有关肥胖问题的讨论中，这似乎都是无关紧要的问题，但是这些新的购物方式在人们的食物和饮料的复杂转变中发挥了核心作用。超市将前所未有的糖量渗透到人们饮食中，这也成为一个重要的因素。

这些年宣告了大众消费时代的到来，通过广告、促销和巧妙的宣传，鼓动人们去购买和消费更多的商品，其中也包括食品。[5]和一般的物质生活一样，我们只是消费得越来越多。就像我们曾经受到诱惑，让我们的生活中充满了大量我们成功获得的其实并不需要的物品那样，我们也曾受到吸引去吃超过我们身体需要的食物。而且，这些食物大多没有什么营养价值，但在运送至超市货架的途中添加了糖分。最终的结果是人们食用了糖，而且在很大程度上是在不知情的情况下食用的，其规模可能会让一个 18 世纪的糖料种植者高兴得手舞足蹈。

2015 年英国公共卫生组织的研究特别关注儿童。有证据显示，儿童的平均食糖量是医学建议食糖量的 3 倍，而成人平均食糖量是医学建议食糖量的 2 倍。[6]这种糖的主要来源与预期的一样，主要有软饮料、食用糖、糖果、果汁、饼干和类似的点心，以及谷类早餐。对成年人来说，酒精是糖分的主要来源。

不同年龄组之间存在一些差异。例如，在青少年中，最大的糖分来源是软饮料，而年龄较小的儿童则通过饼干、蛋糕、谷物早餐、糖果和果汁吸收糖分。而低收入群体的糖分摄入量最高，这点并不让人惊讶。因此，在所有年龄段中，肥胖相关问题在普遍贫困的社区和地区最为严重。

简而言之，面对全球化之下的本地工业衰败时，低收入人群、失业者甚至整个社区都不被关心和帮扶了，他们再次遭遇了最糟糕的境况。然而，需要再次指出的是，大西洋两岸的穷人所遭受的个人和身体问题的困扰，都是由廉价食品、甜食、加工食品和饮料等不良饮食造成的，这样的观点已经并不新颖了。

这就是英国人对一个普遍存在的问题的看法，这个问题将一个国家的食物与如何说服人们购买他们所消费的食物和饮料这一更加广泛的研究联系在一起。潜伏在整个问题背后的是现代广告的力量，以及食品和饮料昂贵的和操纵性的营销活动的方式。例如，过去 40 年不断变化的饮食习惯与食品和饮料产品的推广方式密切相关。广告不再是五颜六色的广告牌，也不再是简单易记、朗朗上口的电视广告歌。广告渠道本身也经历了一场革命，以跟上互联网和社交媒体的兴起。其中，最引人注意的是出现在智能手机、平板电脑和台式电脑上的“弹出式”广告。最近，针对儿童的电视广告和超市广告受到限制，而这些广告很可能被转移到社交媒体上。儿童使用智能手机或平板电脑的次数越多，他们看到的甜食和饮料广告可能性就越高。而且网络广告业一直蓬勃发展：2013年，英国在互联网上的广告支出达63亿英镑。

大量食品和饮料的广告都是专门针对儿童的。他们受到最喜爱节目的卡通人物、五颜六色的图像和故事，以及对儿童极具吸引力的包装的轰炸，许多广告的设计都是为了娱乐年轻人，并且把他们的注意力聚焦到某个产品上。在远离屏幕的地方，甜食、巧克力、蛋糕和饮料得以精心地摆放在超市重要的位置，从而吸引孩子的注意力，希望父母或者孩子自己冲动购买。而这些产品常常含有过多而导致不健康的糖分。最近的研究证实，无论是在新媒体上，还是在电视上，这种广告都能成功地激发孩子的购买欲，驱使他们去买含糖食品，而且孩子们会一直选择含糖食品。[7]

我们还知道，孩子们的选择可能会受到受欢迎的明星（尤其是著名运动员或女性）所推广的产品的影响，这成为一种常用的商业策略，与此类似的是宣布降价或提供“买一赠一”特价策略，这类优惠极大地促进了销售。我们还了解到，含糖量高的商品卖出去的可能性更大，因为市场调查再一次证明，人们在这种优惠政策下会忍不住购买含糖量高的商品。同样的，产品在超市中的确切位置也很重要，比如过道或货架上的哪个位置最有可能引起孩子的注意。据估计，所有最终进入家庭的食糖中，有7%到8%是通过大幅降价或特价优惠方式购买的。[8]半个世纪以来，这些营销技巧已经以这样或那样的形式进行了试验和测试，这一领域认真的模仿者或研究人员毫不怀疑它们在销售甜食产品方面是非常成功的。

然而，糖是现代肥胖背后主要饮食的罪魁祸首，通过营销机构的技巧和力量，糖已经能够达到目前的消费水平。[9] 反过来，广告商的成就也与最近购物习惯的改变密切相关，其中最引人注目的莫过于现代超市的兴起，以及商业街、工作场所和学校中其他食品店的出现。因此，存在着一个复杂的且相互关联的因素网络，这些因素决定了人们购买何种食物和饮料以及购买方式，但焦点一次又一次地回到了糖上。

我们的饮食以惊人的速度发生着改变，但是它现在包含了一系列可供选择的食物，这些食物超出了我们祖父母的想象范围，变得更加丰富，更加多样化，也更加国际化。如今，我们周围充满了各种各样购买食物的地点，比如超市、充满活力的街角商店、餐馆、快餐店、外卖店和咖啡店。目前，英国的食品和饮料经销店的营业额在所有餐饮消费中占据了很大的比例，而且比例会越来越大。2015 年，18%的餐饮消费来自这一领域；2014 年，75%的人称，他们在外就餐或点外卖。[10] 在这些销售点出售的食品含糖量最高，而且又一次说明糖往往存在于不太可能的地方。例如，“咖啡文化”大为流行，通过其新型热饮的热销，而在这些热饮里含有各种各样的糖，这在无形中促进了额外的糖消费。顾客们不仅想要一杯咖啡，还想在当地的咖啡店里品尝到各种各样的甜食。甚至咖啡也发生了变化，里面加了很多调味糖浆，现在这种糖浆也可以加到热咖啡中，通常和那些罐装汽水一样，含糖量高。[11]

这种饮食场所的激增，以及熟制半成品或外卖的供应，形成了一种影响广泛的“尽情享用食物”的氛围，人们因此越吃越多。我们吃的多还因为食物比以往更便宜。如今，英国的大多数人每周支出的15%左右用于食物消费；而半个世纪前，仅有33%的人如此。此外，我们食用的食物（尤其是外卖和熟食）分量也在增加。最终的结果是，英国人平均每天摄入的热量比身体所需要的多200到300卡路里。[12]矛头再次指向糖，但是我们要做些什么呢?

截至2015年，所有证据都证实，任何针对食糖和肥胖的抨击需要的不仅仅是单纯的劝诫或者提供健康饮食相关的教育信息。这种方法已经尝试过很多次了，但是这个国家以及这个世界肥胖的趋势仍不断增长。目标听众似乎对这种请求充耳不闻，尤其是那些获取健康食物机会有限的低收入人群，仍然坚持对健康的无糖饮食教育无动于衷。

打击含糖饮食的主要目标很容易确定：比如在产品中加入高糖的生产商，支持它们的广告业，以及实力雄厚的连锁超市——这些超市通过令人无法抗拒的商品展示和有针对性的降价来吸引顾客，尤其是吸引年轻人。到2015年，各方就迫切需要减少食品和饮料中添加的糖量达成了共识。同样重要的是，要限制采用激进的营销方式向儿童推销甜食。有一个令人鼓舞的实例值得效仿：英国说服食品生产商降低食品中的含盐量。这使得自 20 世纪 80 年代以来，面包中的盐减少了 40%以上，然而并没有很多顾客强烈反对。[13] 但是有人提出了一个尚未解决的基本问题，也就是人们对于糖和盐的不同生物和生理反应。人类似乎天生对甜食情有独钟，对盐便显得兴致缺乏。简单地说，我们不会像渴望糖一样渴望盐，也不会像我们喜爱糖而想念糖那样也想念盐。

到 2015 年减糖政策公布时，这一系列的证据和论证都表明，有必要在英国，甚至在全球范围内为反对食糖采取果断措施。一个看似简单且极具诱惑力的提议就是“糖税”。

自然而然的,关于含糖产品将要征税的预期引发了糖业游说团体、饮料和食品生产商以及销售这些产品的零售商的不满。尽管有力的证据证明肥胖与糖之间存在联系，但是食品工业不愿看到其贸易受到税收的限制。然而，英国首次提出糖税时，有两个主要因素表示该项政策可行。首先，许多其他国家已经提倡了糖税政策，他们都对各自国家的肥胖和食糖消费问题感到担忧。其次，早期的证据表明，这种税收似乎有效。挪威、芬兰、匈牙利、法国和墨西哥以及美国的一些城市都实行了各种形式的糖税，而且这些国家和城市似乎取得了预期的效果。例如,含糖软饮料的销售量下降的幅度与糖税的税率大致相当；墨西哥实施 10%的糖税使得软饮料销售量下降了 6%至 9%，降幅在低收入人群中最为显著，他们的健康状况恶化的风险也最大。[14]

英国保守党政府以前本能地抗拒对工业进行干预，并且对新的税收形式也感到不安，但是2015年的报告迫使他们不得不做出一些行动了。在经历多次拖延和各种泄密之后，这份最初由英国政府委托编写的报告终于在2015年得以发表。随后，英国媒体不遗余力地报道了这起事件。

英国立场迥异支持不同党派的报纸一致对糖发起了攻击。《泰晤士报》从传统意义上来说是保守派的拥护者，它大肆宣扬自己支持糖税，并且指责官员们不仅隐瞒证据，还阻止必要的政治行动。2015年10月，《泰晤士报》在一篇社论中简要概括了征收糖税的理由。它提供了证据的主要内容，宣传和揭露了高糖食物和饮料引发的问题、肥胖人口的增加（尤其是肥胖儿童人口）引发的问题以及国家医疗服务体系所面临的财务压力。

《泰晤士报》还指出了一个先例。1994年到2003年，许多医学研究机构和政府部门敦促减少加工食品中添加的盐量。一项反对过量食盐的全面科普运动（目前这项运动仍在进行中）与食品制造商共同讨论了减少食品含盐量。《泰晤士报》认为，“食糖没有理由不能经历类似的轨迹”。虽然《泰晤士报》承认，人们需要自己去决定买什么和喝什么，但是它意识到，个人选择可能会减缓肥胖人口增长的时代已经过去很久了。英国政府“认真考虑征收糖税”的时机已经成熟。[15]

该报告于2015年10月公布后，许多新闻界重量级人物加入了抨击食糖的行列。当然，他们不受《泰晤士报》社论作者协议的约束。一些人认为仅仅征收糖税是不够的，需要采取更加严厉的措施，需要禁止在火车站、机场和其他公共场所开设快餐店来支持这一政策。为了回应那些认为这些想法没有必要如此严厉和侵害他人隐私的批评家，他们提出了显而易见且具有说服力的观点，过去 30 年来，对公共场所吸烟现象批评的势头进一步加剧时，批评家们提出了非常类似的反对意见。[16] 杰米·奥利弗是一位拥有众多电视粉丝以及蒸蒸日上的餐饮和图书出版商业帝国的名厨，他把烟草和糖联系起来，称糖是“下一个烟草”，从而引起了公众的注意，[17] 由于他的名人身份，奥利弗的想法和声明受到了广泛的报道。

事实上，医学主管机构已经提出了许多同样的观点——我们应该像意识到烟草所带来的威胁那样也意识到食糖的危害。[18] 有一段时间里，流行病学家、不同专业的医学专家和医学社会学家，以及更多的人都指出了两者之间的相似之处。人们曾经说过关于烟草的话如今被用来指控食糖。在大西洋两岸，越来越多的批评家参与进来，他们的规模不断扩大，对反糖的呼声也越发高涨。他们形成了一个由著名媒体人、医学专家、社会科学家和政治家组成的联盟，这个联盟即使无组织但是却是广泛的，每个人都从自身的角度指责食品和饮料行业忽视了食糖所造成的大范围损害。食糖的反对者们认为，食品行业只顾自己的利益，而且很少或者根本就没有考虑到食糖对身体和社会产生的影响，尤其是对年轻人所带来的不良影响。[19]

将糖和烟草联系起来，并将食糖的游说团体与烟草游说团体的后防策略进行比较,事实证明这是最有力的抨击。到了21世纪初期,没有人会怀疑烟草所造成的危害,而把烟草和食糖放在一起比较,这也许是对食糖信誉最为致命的一击。现在就该由食糖游说团体来证明烟草和食糖之间的联系是不准确的或者是完全错误的。

英国政府已经与一些公司达成了某些自愿协议,以减少其食品和饮料中的糖含量。但是,此类合作只是仅仅涉及有意愿参加的合作伙伴,要想解决核心问题还有很长一段路要走,征收糖税的要求不会消失。

英国国民健康保险体系就征收糖税提出了第一个切实可行的方案,它们提出对所有在国民医疗服务体系的基础设施,如医院餐饮场所、商店和为员工服务的内部设施处出售的食糖、甜食和含糖饮料,进行征税。[20] 到2016年元旦,尽管英国内阁早些时候态度强硬,但如今已被说服,同意征收糖税,并且认为这是对抗肥胖的一项可行性举措,同意于2018年开始对含糖饮料征税。这是一次艰难的交易,但是英国政府的官员们显然被那些已经对糖果和含糖饮料征税国家的证据说服了。正如此前所记载的那样,在墨西哥,尽管人们爱喝软饮料和含糖饮料的事已经人尽皆知,但是可以看到对软饮料征税使得含糖饮料的消费量明显下降。[21] 挪威的税收鼓励人们少吃糖果和巧克力,同样在芬兰,糖税实施后,软饮料的销售有所下降。在匈牙利,高含糖产品的生产量急剧下降,相关公司通过生产含糖量低的产品来避税。[22]

在这一切中，尤其是软饮料公司，它们并不是什么也没有做。面对这种对食糖与日益剧增的担心，以及政治家和消费者的高度关注，它们做出了回应。它们提出了新的流行词“重新设定配方”，强调使用更小的包装以及更加强调低卡路里或者零卡路里。

因此，2016 年夏天，数百万的电视观众发现自己被可口可乐宣称“无糖”的广告轰炸。糖即将要被征税，作为产品的一种成分，它曾经为可口可乐享誉全球发挥了重要作用，如今，却已经完全被“禁止”了。[23] 糖已经成为一种被人抛弃的物质了。这无疑就是在糖的使用和认知方式，以及现在食品工业和消费者对糖看法上的重大转变。几个世纪以来，一直宣传糖是一种能够带来简单快乐的成分，一种让食物和饮料更加美味，让我们感到开心的商品，然而现在正因其造成难以言喻的伤害而受到谴责。

结束语

苦中带甜的前景

为何会有数千万人身体肥胖这一状况发生？为何肥胖人数是如此之多？肥胖问题是怎么成功地成了世界新闻的头条，又是如何成为各地政府和卫生机构高度关切的议题？

在人类历史长河中，肥胖症并不鲜见。它主要是由几种常见的疾病所引发。正如我们所发现，肥胖人士也一直是被他人嘲笑和人身攻击的对象；现如今，这种情况并未有任何改观，那些肥胖人士不断抱怨在整个社会中所碰到的遭遇。不仅如此，这一情况还正以一种全新的、前所未有的水平在扩张。

目前，肥胖问题使人们的看法异乎寻常地一致起来——无论是个人，还是各种团体，都广泛结成联盟，汇成一股力量，致力于解决他们所关注的重大健康问题。一批又一批的医学专家、社会评论家、媒体分析师、政治人物——当然，也不要忘了为人父母者迫切希望让后代远离那些似乎难以避免、导致肥胖的行为模式——所有这些人都汇聚到了一起，先是抱怨，然后去想办法解决问题。

但他们究竟在抱怨什么呢？若是人们自己食用了不健康的食物和饮料，那必然是出自他们自己的选择、自己的决定吗？对此，显而易见的观点是：人们应当以其期望的任何方式，去自主选择并安排自己的生活。当然，他们要有一项选择——那就是担负起责任。

麻烦的是，他们不单单是要自己承担后果，也会将此强加给每一个因受肥胖影响而不得不付出巨大代价的人，这些人需要得到治疗和照顾。何况,从饮食方面来看,这不仅仅是简单的个人选择问题。在决定消费方面，人们总是被强大的商业力量所牵引，而这种力量，在某些方面还是不可抗拒的。它们先是将科学（食品、营养和医学研究）中合适的部分巧妙地与市场调研、广告调查结果相结合，然后在整个方案目标中直接抓牢最易受影响和暗示的人群。科学家早就知道，孩子们从出生开始就喜欢甜味。为此，食品工业首先要生产出满足和培育这种甜味的产品；随后，营销高管设计出方法，让年轻的目标受众接触到不可抗拒的甜食诱惑。其结果就是，可用当代用语称之为“完美风暴”，即人们无法承受的不可抗拒力量的汇合。而这一风暴的核心就在于糖的作用。

研究肥胖的化学及生理学分析师一次又一次地回到对糖的研究当中。近几十年来，糖虽然并不是唯一改变世界饮食习惯的成分，但事实证明，在多种对人类健康破坏性如此之强的食品中，糖都是最重要的成分。

不过，这着实令人诧异。因为糖并不是来自食品科学家的研究实验室；相反，它在人类饮食中有着悠久的历史，可以追溯到几千年前。不论来自世界何处、其社会有何不同、文化背景有多大差异，人们向来都是喜欢糖的，喜欢把糖添加到自己的饮食之中。今天，我们才意识到，那些甜蜜的快乐，最终是要付出代价的；而起初这是以严重的牙科疾病的形式呈现的。在 19 世纪末，伊丽莎白一世、路易十四和来自工薪阶层家庭的儿童的坏牙，都清楚地预示了其后发生的事情。健康问题的范围——从 16 世纪晚期英国皇室成员的龋齿，演变至今天的肥胖症——虽然已经发生了翻天覆地的变化，但其成因却是一样的。

雪上加霜的是，人类与糖的关系是由一股具有强大影响的力量所凝结的，且这种关系从未中断过。概括来说，在现代工业化食品世界中，糖的使用令人上瘾，这与公元 1000 年巴格达的医生有某些共同之处：二者都认识到人们喜欢甜味。为了满足对甜味的渴望，我们可以包装出许多东西，无论是拌入早年的药物之中，还是掺入到现在的瓶装可口可乐里。

不仅如此，糖还具有腐蚀的能力。最明显、最直接的表现是它对消费者牙齿造成的伤害。随着现代牙科学的出现，以及对西方世界儿童牙齿更详细的考察，最令人信服的证据出现了。很明显，那些最依赖含糖饮食的人们，主要是低收入人群，受到糖的损害最严重；其牙齿证明，富含糖的饮食具有破坏性影响。虽然医学现在才证实这一点，但早在几个世纪前，这种情况就已出现在上流社会中。在只有富人可以买得起糖的年代，用糖来做装饰是权力和声望的象征；富人们会在其龋齿上留下曾沉迷于糖的痕迹；欧洲君主们则因为对糖的热情高涨，而成为最主要的受害者。当时，爱吃甜食常常意味着伴有龋齿，有时甚至是牙齿全部掉光、一颗不剩。

但是，糖的腐蚀能力远远超过对牙齿的损害。如果我们回顾糖的演变历史，考察它是如何从稀有的奢侈品变为大众消费品的，就会发现其腐蚀力是如此惊人。它不仅改变了地球的地理和环境面貌，也是造成历史上最可怕、最具破坏性的人口贩运的主要原因之一，这种被迫的人口迁徙的影响至今仍困扰着我们。在4个世纪里的黄金时期，被奴役的非洲人及其在奴隶制下繁衍的后裔，在巴西和加勒比海地区的糖料种植园劳作。糖产业与奴隶制同时并存；而且，对于大多数卷入奴隶制的人而言，如果没有奴隶制，那么几乎就没有糖；当然，奴隶们自己除外。总的来说，对于糖产生的恶劣影响就是：西方世界为了其自身的享乐和利益设计了世界上最残酷的制度，并且不断完善它和使之合理化。还有什么能比这产生更大的破坏性力量吗?

成百上千万非洲人背井离乡，在最为危险和最屈辱的情况下，被贩卖到数千英里之外，而这一切都是为了什么呢?是为了满足西方世界的快乐和趣味，是为了给种植园主谋利。奴隶们生产的糖，使数千万人体会到甜蜜和喜悦，而他们对奴隶的悲惨情况却知之甚少，在乎奴隶的人则更是稀少。在奴隶们早期劳作的岛屿上、在世界各地新兴的糖业经济体引入契约劳工之后，几乎出现了同样的反应。奴隶们的努力，使得糖在新的热带环境中成为有种植价值的商品作物，并成为全世界生产的大宗商品——从毛里求斯到夏威夷。像在美洲一样，奴隶们在种植园里辛勤劳作，种植园模式成为种植一系列热带商品的选择。但是，种植园也给环境造成了巨大的破坏，劳工们焚烧了原始森林，以清理出土地，种植上糖类作物。最终的后果是：人类及其生态系统在某种程度上都遭受了难以估量的破坏，特别是创造出了一个全新的世界——有着今天看起来亘古不变且再自然不过的族群特征和地理特征。事实上，外国压迫者都对它们进行了重塑。而以上人类和环境变化的核心则是糖的故事。

开始是产量不断增长的蔗糖，到19世纪还加上了甜菜糖，它们赢得了全世界对含糖饮食的青睐。糖曾经作为富人的奢侈品，现已成为普通老百姓的日常必需品，给全世界的劳动人民带来了快乐和活力。糖的副产品——朗姆酒，也给人们带来快乐和活力。尽管它也对美洲原住民等人群造成了危害。

1900年，糖料种植和加工已遍布世界各地，成为成百上千万人饮食中的必需品。因为产糖区变得如此重要，美国于是利用其自身的影响力来确保美国对糖供应的控制。20世纪初的美国，与18世纪的英国和法国一样，将糖视为决定其实力和战略的重要因素。而在与古巴的博弈中，美国对甜味的依赖则贯穿于整个20世纪下半叶，对全球的政治产生了深远的影响。

整个20世纪，美国的力量以各种形式呈现。到1945年，美国已然是世界上主要的超级军事大国，但其影响力的传播则远超其军事实力。美国龙头企业的强大实力，为其他企业提供了公司实力模式的范本；还出现了一大批综合性全球大企业，并在全球范围内拥有前所未有的影响力。到了21世纪初期，这些企业——其中，大多数已不拘泥于在某一个州的范围内经营——控制并支配着全世界的饮食供应。而很多企业产品的核心竞争力就是糖本身。

当全球饮食行业的加工及其工业化程度愈来愈深时，蔗糖及甜味剂在上述整个过程中确保了其独一无二的重要性。蔗糖刺激了全球对甜味的初步需求，但对蔗糖的不良影响的担忧和新的甜味剂的出现，则催生了使食品和饮料变甜的其他方法。在这一过程中，全世界的食品和饮料在加工中都添加了多得出奇的糖，显然这是毫无节制的。其结果呢？因肥胖导致的众多疾病之一就是心脏问题，而这已成为21世纪初期世界相当大一部分人口的特征。

对于这一肥胖问题的全球性趋势，严肃的医学观察者从未质疑过其主要原因。他们批判甜味剂以前所未有的量被肆意添加进工业食品和饮料当中，而现代营销的那些充满说服力的狡猾手段，则巧妙地促进了它的发展。与此同时，糖业游说团体及其在食品、饮料和广告业中的强大盟友，自然而然地进行了坚定如一且虚伪透顶的全力辩护。而现实情况是糖常常供不应求，其要义是向股东和董事会成员们报告的数字、利润及产品的推广情况。那些公司的规模是如此庞大、全球化程度又是如此之高，似乎并不需要跨越任何国界。看上去似乎就连众多政府也不能让其臣服。而个中缘由通常是，这些公司有足够强大的实力，对世界各国政府，特别是华盛顿的政治家们施加不正当的影响。

然而，潮流已开始在转向，最明显的迹象是可口可乐公司当下最新系列产品及其广告。它们的最新口号是“无糖”，这一主题印在了它的产品上。这家富可敌国的公司，目前推广的主打产品，正是强调它不含某种成分。现在，它们声称这款产品比以往任何一款都更营养、更健康，因为它不含糖。谁又会想到这种变化呢？毕竟，可口可乐公司基于其独特的甜味来设计和推广这款饮料，已经有一个多世纪了。与人类历史上任何其他产品相比，它一贯宣扬这款产品更易达到“极乐点”，在商业中也更能取得成功，因为其享誉全球的独特配方就是加入大量的糖，使可乐变甜。时至2016年，糖的游戏终于结束了，可口可乐公司不得不将其大部分的精力投入到推广“无糖”的理念之中。

可口可乐公司对其中一款高端产品的研制和推广方法的急剧的变化，就企业本身而言确实很重要；但这作为整个食品和饮料行业发展方向的里程碑，则可能更具有启示性意义。人们尚无法知晓，这段旅程能走多远、多快；但这家全球重要的软饮公司，已经就其中一款知名度最高的产品放弃了加糖,并宣称这是一项至关重要的销售战略,因此，这已成为整个行业具有决定性意义的巨大转变。可口可乐一直是商业先锋，始终在引领潮流。它们在做什么，其他公司都会迅速跟风效仿。现在，其他公司可能也已经打算不再在同类产品中加糖，尽管多年来，种类各异、名目繁多的糖曾证明过其自身就是摇钱树。

过去几年，与食品和饮料行业关系最为紧密的人们，不得不对无糖主义者的战术升级高度留意。在这些升级的战术中，最为重要的转变是他们转而控告“糖是一种新的烟草”。回顾过去半个世纪以来商业中的烟草问题，没有任何公司董事会可以欣然应允自己的含糖产品与烟草归为一类，烟草业受到的损失及诉讼，为它们提供了对什么应当避而远之的现实教训。当然，如今在思考这些危害性后果时，糖与烟草的关系可谓千丝万缕、密不可分。

但是，并没有人希望糖彻底消失。这是一个有着庞大的雇用者的行业。他们对糖文化依恋太深，不会让糖那么轻易消失。目前，每年有 120 个国家生产 1.8 亿吨糖。无论如何，我们怎么可能绕过这一简单却无可否认的事实——人们喜欢甜味；而且，正如我们所见，几个世纪以来，人们一直都在为饮食中如何加糖而大费周章。虽然甜菜根和玉米糖也日益重要，但蔗糖仍然占世界糖供应量的三分之二。当下世界的甜食爱好者，几乎与 4 个世纪前的人如出一辙，继续依赖着蔗糖。正如人们早在 1 000 年前就知晓的那样：“甜味本身就是美味和快乐的初心。”[1]

注 释

导论　从奴役压迫到制造肥胖

1 *International Business Review*, 5 September 2016
2 *Sugar Reduction: The Evidence for Action*, Public Health England, London, October 2016

第1章　传统的偏好

1 Hattie Ellis, 'Honey', in *The Oxford Companion to Sugar and Sweets*, Darra Goldstein, ed., New York, 2015, pp. 336–340
2 Rachel Laudan, *Cuisine and Empire: Cooking in World History*, Los Angeles, 2013, pp. 136–138
3 Nawal Nasrallah, 'Islam', in *The Oxford Companion to Sugar and Sweets*, pp. 361–362
4 Rachel Laudan, *Cuisine and Empire: Cooking in World History*, Los Angeles, 2013, p. 143
5 Sidney Mintz, 'Time, Sugar and Sweetness', in *Food and Culture – A Reader*, Carole Counihan and Penny Van Esterik, eds, London 1997, p. 358
6 Tsugitaka Sato, *Sugar in the Social Life of Medieval Islam*, Boston, 2015, p. 1

7 Tsugitaka Sato, *Sugar in the Social Life of Medieval Islam*, p. 7
8 Tsugitaka Sato, *Sugar in the Social Life of Medieval Islam*, p. 3
9 Tsugitaka Sato, *Sugar in the Social Life of Medieval Islam*, pp. 9–10
10 Peter Brears, *Cooking and Dining in Medieval England*, London, 2008, p. 343
11 Jon Stobart, *Sugar and Spice Grocers and Groceries in Provincial England, 1650–1830*, Oxford, 2012. p. 30
12 Elizabeth Abbott, *Sugar – A Bittersweet History*, London, 2009, p. 20
13 Joan Thirsk, *Food in Early Modern England – Phases, Fads, Fashions, 1500–1760*, London, 2007, pp. 10, 324–325
14 Peter Brears, *Cooking and Dining in Medieval England*, p. 27
15 Peter Brears, *Cooking and Dining in Medieval England*, pp. 344, 379–380, 453–457
16 Peter Brears, *Cooking and Dining in Medieval England*, pp. 453–457
17 Sidney Mintz, *Sweetness and Power – The Place of Sugar in Modern History*, London, 1985, p. 88
18 Ivan Day, 'Sugar Sculptures', *The Oxford Companion to Sugar and Sweets*, pp. 689–693
19 Barbara Ketham Wheaton, *Savoring the Past: the French Kitchen and Table from 1300 to 1789*, London, 1989, pp. 18–21
20 Jon Stobart, *Sugar and Spice*, p. 25
21 Barbara Ketham Wheaton, *Savoring the Past*, pp. 183–184
22 Barbara Ketham Wheaton, *Savoring the Past*, pp. 51–52
23 Barbara Ketham Wheaton, *Savoring the Past*, p. 186
24 Elizabeth Abbott, *Sugar – A Bittersweet History*, p. 22
25 Sidney Mintz, *Sweetness and Power* pp. 90–91
26 Ivan Day, 'Sugar Sculptures', *The Oxford Companion to Sugar and Sweets*, p. 691
27 Ivan Day, 'Sugar Sculptures', *The Oxford Companion to Sugar and Sweets*, pp. 692
28 Jon Stobart, *Sugar and Spice*, pp. 26–27: 30: 56
29 Gervase Markham, *The English Housewife: Containing the Inward and Outward Virtues Which Ought to Be in a Complete Woman*, 1616, edited by Michael R. Best, Montreal, 1986 edition

30 Gervase Markham, *The English Housewife,* Michael R. Best, ed. pp. 72–74, 81–86, 93–94, 103

31 Roy Porter, *The Greatest Benefit to Mankind – A Medical History of Humanity from Antiquity to the Present*, London, 1997, pp. 92–103

32 Roy Porter, *The Greatest Benefit to Mankind*, p. 97

33 Colin Spence, *British Food: An Extraordinary Thousand Years of History*, London, 2002, pp. 48–49; Penelope Hunting, *A History of the Society of Apothecaries,* London, 1988, pp. 18–19

34 Pierre Pomet, *A complete history of drugs. Written in French by Monsieur Pomet. Chief Druggist to the late French King Lewis XIV*, London, 1748, pp. 56–60

第2章　牙病肆虐

1 Stephen Alforp, 'On a Par with Nixon', *London Review of Books*, 17 November 2016, p. 40; Gervase Markham, *The English Housewife* (1631), Michael R. Best, ed., pp. xxvi, xxxviii, xlii.

2 *The Italian Tribune*, 11 November 2015; *The Daily Telegraph*, 30 September 2016

3 参阅W. J. Moore and E. Elizabeth Corbett, in *Caries Research*, Klaus G. Konig, ed., vol. 5 1971; vol. 7 1973; vol. 9 1975 and vol. 10 1976. 感谢亚当·米德顿博士提供了这些文献。

4 Neil Walter Kerr, *Dental Caries, Periodontal Disease and Dental Attrition – Their Role in Determining the Life of Human Dentition in Britain over the Last Three Millennia*, Thesis for Doctorate of Medicine, University of Aberdeen, 1999, p. 121

5 *The Smithsonian*, 7 October 2015

6 Colin Jones, *The Smile Revolution in Eighteenth Century Paris*, Oxford, 2014, pp. 9, 17–21, 116

7 同乔治·华盛顿同时期的人相比，他可谓是患龋齿最严重的人。他那数幅假牙是自己一生为竭力遮掩凹陷的脸部的证据，这些假牙目前阵列在他位于弗吉尼亚州的维农山庄里。

8 B. W. Higman, *A Concise History of the Caribbean*, Cambridge, 2011, p. 104

9 Fernand Braudel, *Capitalism and Material Life, 1400–1800*, London, 1967, pp. 186–188.
10 *The Times*, 20 March 2015
11 'Sharp increase in children admitted to hospital for tooth extract due to decay', *News and Events*, Royal College of Surgeons, 26 February 2016
12 Press Release, 'Tooth decay among 5-year-olds continues significant decline,' Public Health England, 10 May 2016

第3章 “生而为奴”：糖与奴隶制

1 Stuart B. Schwarz, *Sugar Plantations in the Formation of Brazilian Society, Bahia, 1550–1835*, Cambridge, 1985, pp. 7–9. 1阿罗巴=35磅，总计为70万磅。
2 Stuart Schwarz, *Sugar Plantations*, p. 13
3 James Walvin, *Crossings – Africa, the Americas and the Atlantic Slave Trade*, London, 2013, pp. 35–37
4 Stuart B. Schwarz, *Sugar Plantations*, p. 14
5 David Eltis and David Richardson, *The Atlas of the Transatlantic Slave Trade*, New Haven, 2010, Table 6, p. 202
6 Jonathan Israel, *The Dutch Republic*, Oxford, 1988 edn, p. 116; Sidney Mintz, *Sweetness and Power*, p. 45; Fernand Braudel, *The Wheels of Commerce*, London 1982, p. 193
7 Stuart B. Schwarz, *Sugar Plantations*, pp. 16–22
8 B. W. Higman, *A Concise History*, pp. 97–98
9 B. W. Higman, *A Concise History*, pp. 102–105
10 David Eltis and David Richardson, *Atlas*, Table 6, p. 201
11 参阅B. W. Higman, *A Concise History*, Chapter 4, 'The Sugar Revolution'。

第4章 “拓荒”与毁灭

1 Quoted in David Watts, *The West Indies*, Cambridge, 1987, p. 78
2 B. W. Higman, *A Concise History*, pp. 49–53
3 Quoted in David Watts, *The West Indies*, p. 78
4 David Watts, *The West Indies*, pp. 184–186
5 David Eltis and David Richardson, *Atlas*, Table 6, p. 200

6 David Watts, *The West Indies*, pp. 219–223
7 B. W. Higman, *Jamaica Surveyed*, Kingston, 1988, pp. 8–16
8 David Eltis and David Richardson, *Atlas*, Table 6, p. 200
9 Richard Ligon, *A True and Exact History of the Island of Barbados – 1673*, p. 46.
10 B. W. Higman, *A Concise History*, p. 164
11 B. W. Higman, *A Concise History*, p. 99

第5章 “独乐乐”与“众乐乐”

1 Katheryn A. Morrison, *English Shops and Shopping*, New Haven, 2003, p. 5; Jon Stobart, *Spend, Spend, Spend – A History of Shopping*, Stroud, 2008, p. 24
2 Jon Stobart, *Spend*, pp. 25–26
3 Katheryn A. Morrison, *English Shops*, p. 5
4 Jon Stobart, *Spend*, p. 28
5 Jon Stobart, *Sugar and Spice*, pp. 30–31
6 Katheryn A. Morrison, *English Shops*, p. 80
7 Jon Stobart, *Sugar and Spice*, pp. 26–27, 56
8 Jon Stobart, *Sugar and Spice*, p. 114
9 Jon Stobart, *Sugar and Spice*, pp. 72–73
10 James Walvin, *The Quakers – Money and Morals*, London, 1997
11 Jon Stobart, *Sugar and Spice*, p. 118
12 Jon Stobart, *Sugar and Spice*, pp. 170–173
13 *York Courant*, 7 January 1766. (My thanks to Dr Sylvia Hogarth for this reference.)
14 Jon Stobart, *Sugar and Spice*, p. 220
15 Jon Stobart, *Sugar and Spice*, pp. 194–198
16 *Catalogue du Musée de la Sociétié de Pharmacie du Canton de Genève*, n.d. (Wellcome Library, London.)
17 James Walvin, *Slavery in Small Things – Slavery and Modern Cultural Habits*, Chichester, 2017, Chapter 1

第6章 咖啡与茶的绝配

1 *The Cambridge World History of Food*, Kenneth F. Kiple and Kriemhild Conee Ornelas, eds, 2 vols, Cambridge, 2010, I, p. 647

2 Markman Ellis, Richard Coulton, Matthew Mauger, *Empire of Tea – The Asian Leaf that Conquered the World*, London, 2015, p. 26
3 Markman Ellis, *et al.*, *Empire of Tea*, pp. 43–46
4 Markman Ellis, *et al.*, *Empire of Tea*, p. 56
5 Markman Ellis, *et al.*, *Empire of Tea*, p. 120
6 Kelley Graham, *Gone to the Shops: Going Shopping in Victorian England*, London, 2008, p. 72
7 Quoted in Markman Ellis, *et al.*, *Empire of Tea*, p. 187
8 Rachel Laudan, *Cuisine and Empire – Cooking in World History*, Los Angeles, 2015, p. 229
9 Sidney Mintz, *Sweetness and Power*, pp. 112–114
10 B.W. Higman, *A Concise History*, p. 104
11 Vic Gatrell, *The First Bohemians*, London, 2014 edn, p. 178
12 Markman Ellis, *The Coffee House – A Cultural History*, London, 2004, pp. 79–81
13 Fernand Braudel, *Capitalism and Material Life, 1400–1800*, London, 1967, pp. 186–188
14 Markman Ellis, *The Coffee House*, pp. 202–203
15 Andrew F. Smith, *Drinking History*, New York, 2013, p. 235
16 Jennifer Jensen Wallach, *How America Eats – A Social History of US Food and Culture*, Lanham, Maryland, 2013, pp. 48–49
17 Andrew F. Smith, *Drinking History*, p. 235
18 Richard J. Hooker, *Food and Drink in America – A History*, New York, 1981, p. 130
19 Andrew F. Smith, *Drinking History*, p. 235–236
20 Steven C. Topik, 'Coffee', in Kenneth F. Kiple and Kriemhild Conee Ornelas, eds, *The Cambridge World History of Food*, Cambridge, 2002, vol. I, pp. 644–647
21 Steven C. Topik, 'Coffee', *The Cambridge World History of Food*, pp. 646–647
22 Linda Civitello, *Cuisine and Culture*, Hoboken, 2008, p. 215
23 Richard J. Hooker, *Food and Drink*, p. 201
24 Richard Follett, *The Sugar Masters: Plantations and Slaves in Louisiana's Cane World, 1820–1860*, Baton Rouge, 2005, pp. 20–21
25 Harvey Levenstein, *Revolution at the Table: the Transformation of the American Diet*, New York, 1988, pp. 256–257, n. 2

第7章 迎合口感

1 Rachel Laudan, *Cuisine and Empire*, pp. 185–186
2 David Gentilcore, *Food and Health in Early Modern Europe – Diet, Medicine and Society, 1450-1800*, London, 2015, p. 175
3 Jane Levi, 'Dessert', *The Oxford Companion to Sugar and Sweets*, pp. 211–222
4 Elizabeth Abbott, *Sugar*, pp. 42–49
5 B. W. Higman, *How Food Made History*, pp. 169–172
6 Markman Ellis, *et al.*, *Empire of Tea*, Chapter 9
7 Elizabeth Abbott, *Sugar*, pp. 65–66
8 Sidney Mintz, *Sweetness and Power*, p. 64
9 Carole Shammas, *The Pre-Industrial Consumer in England and America*, Oxford, 1990, pp. 62–66
10 Jessica B. Harris, 'Molasses', in *The Oxford Companion to Sugar*, p. 459

第8章 朗姆酒成名

1 Richard Foss, 'Rum', *Oxford Companion to Sugar and Sweets*, pp. 581–582
2 Frederick H. Smith, *Caribbean Rum – A Social and Economic History*, Gainesville, Florida, 2005, pp. 12–15
3 Matthew Parker, *The Sugar Barons – Family, Corruption, Empire and War*, London, 2011, pp. 82–87
4 Kenneth Morgan, *Bristol and the Atlantic Trade in the 18th Century*, Cambridge, 1993, pp. 97–98, 185
5 Roger Norman Buckley, *The British Army in the West Indies – Society and Military in the Revolutionary War*, Gainesville, 1998, pp. 284–285
6 Frederick H. Smith, *Caribbean Rum*, p. 21
7 Richard Hough, *Captain James Cook – A Biography*, London, 1994, p. 67
8 Frederick H. Smith, *Caribbean Rum*, p. 28
9 Jacob M. Price, 'The Imperial Economy', in *The Oxford History of the British Empire*, vol. II, P. J. Marshall, ed., p. 90
10 Thomas Bartlett, 'Ireland and the British Empire', in *The Oxford History of the British Empire*, vol. II, P. J. Marshall, ed., p. 257

11 Wendy A. Woloson, *Refined Tastes – Sugar, Confectionery and Consumers in Nineteenth Century America*, Baltimore, 2002, pp. 17, 23–26
12 Wendy Woloson, *Refined Tastes*, p. 5
13 Frederick H. Smith, *Caribbean Rum*, pp. 29–30
14 感谢詹姆斯·艾克斯泰尔指教。
15 Frederick H. Smith, *Caribbean Rum*, pp. 76–81; Andrew F. Smith, *Drinking History*, pp. 26–28
16 Frederick H. Smith, *Caribbean Rum*, pp. 81–86; B. W. Higman, *Slave Populations and Economy in Jamaica*, p. 21
17 A. G. L. Shaw, *Convicts and Colonies*, London, 1966, pp. 66–68; Charles Bateson, *The Convict Ships, 1787-1868*, Glasgow, 1959, pp. 66–67
18 Deidre Coleman, ed., *Maiden Voyages and Infant Colonies*, London, 1999, p. 126
19 David Eltis, *The Rise of African Slavery in the Americas*, Cambridge, 2000, pp. 127–128; Frederick H. Smith, *Caribbean Rum*, p. 99
20 Michael Craton and James Walvin, *A Jamaican Plantation – Worthy Park, 1670–1970*, London, 1970, p. 136

第9章　糖走向全球

1 Paul Dickson, 'Combat Food', in Andrew F. Smith, *The Oxford Companion to American Food and Drink*, New York, 2007, pp. 141–142
2 British Army Rations, Vestey Foods. At https://worldwarsupplies.co.uk; accessed 5 April 2016
3 *US Populations 1776 to Present* – https://fusiontables.google.com
4 P. Lynn Kennedy and Won W. Koo, eds, *Agricultural Trade Policies in the New Millennium*, New York, 2006, p. 156
5 B. W. Higman, *How Food Made History*, Chichester, 2012, pp. 67–68
6 James Walvin, *Atlas of Slavery*, London, 2006, p. 123
7 P. Lynn Kennedy and Won W. Koo, eds., *Agricultural Trade Policies*, p. 157

第10章 美国之甜蜜蜜

1 Harvey Levenstein, *Revolution at the Table*, pp. 32–33
2 Richard Sutch and Susan B. Carter, eds., *Historical Statistics of the United States*, Cambridge, 2006, pp. 553–555
3 Harvey Levenstein, *Revolution at the Table*, pp. 32–33
4 Jennifer Jensen Wallach, *How America Eats*, p. 71
5 Linda Civitello, *Cuisine and Culture*, p. 210
6 Reginal Horsman, *Feast or Famine – Food and Drink in American Westward Expansion*, Columbia, Missouri, 2000, p. 302
7 'Wedding Cakes', *The Oxford Companion to American Food and Drink*, Andrew F. Smith, ed., p. 618
8 'Fruit Preserves', in *Oxford Companion to Sugar and Sweets*, p. 282
9 Jennifer Jensen Wallach, *How America Eats*, p. 100
10 Andrew F. Smith, *Pure Ketchup – A History of America's National Condiment*, Columbia, South Carolina, Ch. 3
11 Jennifer Jensen Wallach, *How America Eats*, pp. 101–104

第11章 角力新大陆

1 Michael Duffy, *Soldiers, Sugar and Seapower*, Oxford, 1987, pp. 7–13
2 Elizabeth Abbott, *Sugar*, pp. 180–181
3 B. W. Higman, *A Concise History*, p. 166
4 Elizabeth Abbott, *Sugar*, pp. 181–183
5 Ronald Findlay and Kevin H. O'Rourke, *Power and Plenty*, Princeton, 2007, pp. 366–369
6 Franklyn Stewart Harris, *The Sugar Beet in America*, New York, 1919, Chapter II
7 引自Gail M. Hollander, *Raising Cane in the 'Glades: the Global Sugar Trade and the Transformation of Florida*, Chicago, 2008, p. 46。
8 Richard Follett, *The Sugar Masters*, pp. 30–31
9 Richard Follett, *The Sugar Masters*, p. 24
10 Richard Follett, *The Sugar Masters*, p. 27
11 William Ivey Hair, *Bourbonism and Agricultural Protest – Louisiana*

Politics, 1877–1900, Baton Rouge, 1969, pp. 38–39
12 A. B. Gilmore, 'Louisiana Sugar Manual', New Orleans, 1920, Table 1; Fargo, N.D.
13 David Eltis and David Richardson, *Atlas*, p. 202
14 James Walvin, *Crossings*, pp. 185–187
15 James Walvin, *Crossings*, p. 204
16 Elizabeth Abbott, *Sugar*, pp. 273–280
17 Alfred Eichner, *The Emergence of Oligarchy – Sugar Refining as a Case Study*, Baltimore, 1966, pp. 339–342
18 Cesar J. Ayala, *American Sugar Kingdom: The Plantation Economy of the Spanish Caribbean*, Chapel Hill, 1999, p. 3; April Merleaux, *Sugar and Civilisation – American Empire and the Cultural Politics of Sweetness*, Chapel Hill, 2015
19 Jacob Adler, *Claus Speckels, The Sugar King in Hawaii*, Honolulu, 1966
20 Jacob Adler, *Claus Spreckels, The Sugar King*, p. 205
21 Elizabeth Abbott, *Sugar*, Chapter 10
22 Cesar J. Ayala, *American Sugar Kingdom*
23 Cesar J. Ayala, *American Sugar Kingdom*, p. 5
24 Maxey Robson Dickson, *The Food Front in World War I*, Washington DC, 1944, pp. 11–12, 25
25 Maxey Robson Dickson, *The Food Front*, pp. 148–149
26 Maxey Robson Dickson, *The Food Front*, p. 149
27 Maxey Robson Dickson, *The Food Front*, pp. 150–151
28 Cindy Hahamovitch, *No Man's Land : Jamaican Guestworkers in America and the Global History of Deportable Labor*, Princeton, 2011, p. 138
29 Cindy Hahamovitch, *No Man's Land*, p. 138
30 Cindy Hahamovitch, *No Man's Land*, p. 139
31 Cindy Hahamovitch, *No Man's Land*, p. 141
32 Cindy Hahamovitch, *No Man's Land*, p. 142
33 Cindy Hahamovitch, *No Man's Land*, pp. 3–7
34 Alex Wilkins, *Big Sugar – Seasons in the Cane Fields of Florida*, New York, 1989, p. 49
35 Dexter Filkins, 'Swamped', in *The New Yorker*, 4 January 2016
36 Gail M. Hollander, *Raising Cane*, pp. 42–46

第12章 战争与和平时期的"神药"

1 Avner Offer, *The First World War: An Agrarian Interpretation*, Oxford, 1984, p. 297
2 L. D. Schwarz, *London in the Age of Industrialisation*, Cambridge, 1992, p. 41
3 G. N. Johnson, 'The Growth of the Sugar Trade and Refining Industry', in D. Oddy and D. S. Miller, eds, *The Making of the Modern British Diet*, London, 1975, Ch. 5
4 Henry Weatherley, *Treatise on the Art of Boiling Sugar*, 1864
5 George Dodd, *The Food of London*, London, 1856, p. 428
6 Ben Fine, Michael Heasman and Judith Wright, *Consumption in the Age of Affluence: The World of Food*, London 1996, p. 96
7 Avner Offer, *The First World War*, p. 39
8 Avner Offer, *The First World War*, pp. 39, 168
9 G. N. Johnson, 'The Growth of the Sugar Trade and Refining Industry', D. Oddy and D. S. Miller, eds., *The Making of the Modern British Diet*, pp. 60–61
10 Ben Fine, *et al.*, *Consumption*, pp. 94–95
11 Ben Fine, *et al.*, *Consumption*, p. 99
12 Peter Mathias, *Retailing Revolution*, London, 1967, p. 56
13 Stuart Thorpe, *The History of Food Preservation*, Kirby Lonsdale, 1986, p. 152; Sue Shepherd, *Pickled, Potted and Canned – The Story of Food Preserving*, London, 2000, p. 164
14 Peter Mathias, *Retailing Revolution*, pp. 103–104
15 Helen Franklin, 'As Good as Five Shillings a Week – Poor Dental Health and the Establishment of Dental Provision for Schoolchildren in Edwardian England', MA thesis, University of London [Wellcome Library], pp. 15–17, Thomas Oliver, 'Our Workmen's Diet and Wages', *The Fortnightly Review*, vol. 56, October 1899, p. 519
16 Ben Fine, *et al.*, *Consumption*, pp. 100–101
17 James Walvin, *The Quakers*, Ch. 10
18 Helen Franklin, 'As Good as Five Shillings a Week . . .', pp. 15–17; Ben Fine et al., *Consumption . . .*, pp. 99–101
19 Ben Fine *et al.*, *Consumption . . .*, pp. 101–102

20 G. N. Johnson, 'The Growth of the Sugar Trade and Refining Industry', D. Oddy and D. S. Miller, eds, *The Making of the Modern British Diet*, p. 60
21 L. Margaret Barnett, *British Food Policy During the First World War*, London, 1985, pp. 30–31
22 L. Margaret Barnett, *British Food Policy . . .*, p. 138
23 Ben Fine, *et al.*, *Consumption . . .*, p. 96
24 Robert Graves, *Goodbye to All That*, London, 2000 edn, p. 82
25 Ben Fine, *et al.*, *Consumption . . .*, p. 102
26 Ben Fine, *et al.*, *Consumption . . .*, pp. 101–103
27 Ben Fine, *et al.*, *Consumption . . .*, pp. 103–104
28 B. Kathleen Hey, *The View from the Corner Shop – The Diary of a Yorkshire Shop Assistant in Wartime*, Patricia and Robert Malcolmson, eds, London, 2016, p. 119
29 Ben Fine, *et al.*, *Consumption . . .*, pp. 122–123
30 Ron Noon, 'Goodbye, Mr Cube', *History Today*, Vol, 51, No. 10, October 2007
31 Ben Fine, *et al.*, *Consumption . . .*, pp. 103–104

第13章　肥胖问题

1 Iona and Peter Opie, *The Lore and Language of Schoolchildren*, Oxford, 1959, pp. 167–169; Francis Delpeuch and others, *Globesity: a Planet out of Control?*, London, 2009, p. 30
2 For a general discussion, see David Haslam and Fiona Haslam, *Fat, Gluttony and Sloth: Obesity in Medicine, Art and Literature*, Liverpool, 2009
3 Francis Delpeuch, *Globesity*, pp. 43–44
4 David Lewis and Margeret Leitch, *Fat Planet*, p. xv
5 David Lewis and Margaret Leitch, *Fat Planet*, p. xi. 获取关于此问题的最新的学术研究，参阅 *Insecurity, Inequality, and Obesity in Affluent Societies*, edited by Avner Offer, Rachel Pechey, Stanley Ulijaszek, *Proceedings of the British Academy*, 174, Oxford, 2012。
6 'NHS spending millions on larger equipment for obese patients', *Guardian*, 24 October 2015

7 Cathy Newman, 'Why are we so fat?' *National Geographic*, nationalgeographic.com/science/health. Accessed 27 July 2016
8 David Lewis and Margaret Leitch, *Fat Planet*, p. xii
9 Four Decade Study: 'Americans Taller, Fatter, by Live Science Staff', 27 October 2004, www/livescience.com; accessed 28 July 2016
10 George Vigarello, *The Metamorphoses of Fat – a History of Obesity*, Columbia University Press, 2013, p. 186
11 Nana Bro Folman *et al.*, 'Obesity, hospital service use and costs', in Kristian Bolin and John Cawley, eds, *The Economics of Obesity*, Amsterdam, 2007, p. 329; 'Americans are still Getting Fatter', Vice News: www//news.vice.co/article; accessed 28 July 2016; Tyler Durden, 'Americans Have Never Been Fatter', 'Healthcare costs attributable to Obesity', Zero hedge, www zerohedge.com; accessed 28 July 2016
12 Julie Lumeng, 'Development of Eating Behaviour,' in *Obesity: Causes, Mechanisms, Prevention, and Treatment*, Elliott M. Blass, ed., Sunderland, MA, 2008
13 'How Americans Got Fat', in charts, www.bloomberg.com/news/articles 2016; accessed 28 July 2016
14 Michael Moss, *Salt, Sugar, Fat: How the Food Giants Hooked Us*, London, 2014, p. 22
15 Francis Delpeuch, *Globesity*, p. 10; David Lewis and Margaret Leitch, *Fat Planet*, pp. xii–xiii
16 David Lewis and Margaret Leitch, *Fat Planet*, pp. xii–xiii
17 George Vigarello, *The Metamorphosis of Fat . . .*, p. 186
18 'NHS Choices: Your Health, Your Choices', www.nhs.uk/Liveweight; accessed 28 June 2016
19 Foresight; 'Tackling Obesity: Future Choices', *Project Report*, London, 2007, p. 5
20 The *Guardian*, 23 October 2015
21 Francis Delpeuch, *Globesity*, Chapter 1
22 David Lewis and Margaret Leitch, *Fat Planet*, p. xiv
23 David Crawford and Robert W. Jeffery, *Obesity Prevention and Public Health*, Oxford, 2015, pp. 17, 212
24 David Crawford and Robert W. Jeffery, *Obesity Prevention and Public Health*, pp. 17, 212

25 Michael Gard and Jan Wright, *The Obesity Epidemic: Science, Morality and Ideology*, London, 2005, pp. 3–6. This book comes close to arguing that obesity is a moral panic.
26 然而最近的调查显示西方儿童中的肥胖问题似乎有趋稳的迹象，但严重的龋齿问题在低收入家庭的儿童中仍然存在。Francis Delpeuch, *Globesity*, pp. 13–14。
27 Francis Delpeuch, *Globesity*, pp. 15–16
28 Francis Delpeuch, *Globesity*, pp. 15–16
29 Jeffrey P. Koplin, Catheryn T. Liverman, Vivica I Kraak, eds, *Preventing Childhood Obesity: Health in the Balance*, Washington, DC, 2005, pp. xiii, 21–22, 73
30 Michael Moss, *Salt, Sugar, Fat*, pp. 22–23
31 David Crawford and Robert W. Jeffery, *Obesity Prevention and Public Health*, pp. 15–16
32 Naveed Sattar and Mike Lean, eds, *ABC of Obesity*, BMJ Books, Blackwell, Oxford, 2007, p. 38
33 'The Junk Food Toll', the *Guardian*, 8 October 2016
34 Julie Lumeng, 'Development of Eating Behaviour . . .' in Elliott M. Blass, ed, *Obesity*, p. 163
35 'The State of Children's Oral Health in England', January 2015, Faculty of Dental Surgery, Royal College of Surgeons
36 'The State of Children's Oral Health in England', January 2015, Faculty of Dental Surgery, Royal College of Surgeons, pp. 3–5
37 'The State of Children's Oral Health in England', January 2015, Faculty of Dental Surgery, Royal College of Surgeons, pp. 5–6
38 'The State of Children's Oral Health in England', January 2015, Faculty of Dental Surgery, Royal College of Surgeons, p. 4
39 'The State of Children's Oral Health in England', January 2015, Faculty of Dental Surgery, Royal College of Surgeons, p. 7
40 Haroon Siddique, 'Children eating equivalent of 5,500 sugar lumps a year', the *Guardian*, 4 January 2016
41 Frances M. Berg, *Underage and Overweight*, New York, 2005, p. 102
42 'Sugars and tooth decay', www.actiononsugar.org; accessed 28 August 2016
43 'Which foods and drinks containing sugar cause tooth decay?'

NHS Choices, *Your Health, Your Choice*, www.nhs.uk/which-foods-and-drinks; accessed 28 August 2016

44 NHS Choices, www.nhs/news/2015/03March; accessed 13 January 2015

45 Hilary Lawrence, *Not on the Label: What Really Goes into Food on Your Plate*, London, 2004, pp. 220–223

46 Shauna Harrison, Darcy A. Thompson, Dina L. G. Borzekowski, 'Environmental Food Messages . . .', Chapter 12, in Elliott M. Blass, ed., *Obesity* pp. 372–392

47 Bee Wilson, *First Bite – How We Learn to Eat*, London, 2015, pp. 86–89

48 Francis Delpeuch, *Globesity*, pp. 23–26

49 Francis Delpeuch, *Globesity*, pp. 1–3

第14章　当下饮食之道

1 Barry Popkin, *The World is Fat*, New York, 2009, p. 30

2 Michael Moss, *Salt, Sugar, Fat*, p. 11

3 Michael Moss, *Salt, Sugar, Fat*, p. 15

4 Michael Moss, *Salt, Sugar, Fat*, pp. 63–64

5 Michael Moss, *Salt, Sugar, Fat*, pp. 70–71

6 Michael Moss, *Salt, Sugar, Fat*, pp. 55–56

7 Michael Moss, *Salt, Sugar, Fat*, pp.72–74

8 Michael Moss, *Salt, Sugar, Fat*, pp. 80–82

9 Felicity Lawrence, *Not on the Label*, p. 268

10 *The Wall Street Journal*, 29 July 2015

11 Felicity Lawrence, *Not on the Label*, pp. 268–269

12 引自Felicity Lawrence, *Not on the Label*, p. 273。

13 Derek Oddy and Alain Drouard, eds., *The Food Industries of Europe in the 19th and 20th Centuries*, Farnham, 2013, p. 5

14 Derek Oddy and Alain Drouard, eds, *The Food Industries of Europe* pp. 240–245

15 此问题在Michael Moss, *Salt, Sugar, Fat* 解释清楚了。

16 Michael Moss, *Salt, Sugar, Fat*, p. xxvi

17 David Lewis and Margaret Leitch, *Fat Planet*, pp. 210, 53

18 Quoted in David Lewis and Margaret Leitch, *Fat Planet*, p. 210

19 Michael Moss, *Salt, Sugar, Fat*, pp. 10–11
20 Michael Moss, *Salt, Sugar, Fat*, p. 11
21 David Lewis and Margaret Leitch, *Fat Planet*, Chapter 7
22 'How the Sugar Industry Shifted Blame to Fat', *New York Times*, 12 September 2016
23 最不幸的受害者是约翰·尤德金以及他那极具开创性的著作。*Pure, White and Deadly*, London, 1972
24 Alice P. Julier, 'Meals', in Anne Murcott, Warren Bell, Peter Jackson, eds, *The Handbook of Food Research*, London, 2013
25 Francis Delpeuch, *Globesity*, 2009, p. 37
26 Francis Delpeuch, *Globesity*, pp. 37–38
27 Michael Moss, *Salt, Sugar, Fat*, p. 246
28 Isabelle Lescent Giles 'The Rise of Supermarkets in 20th Century Britain and France', in *Land, Shops and Kitchen*, Carmen Sarasua, Peter Schollier and Leen Van Molle, eds, Turnhout, Belgium, 2005, Ch. 10
29 David Lewis and Margaret Leitch, *Fat Planet*, p. 215
30 Louise O. Fresco, *Hamburgers in Paradise: the Stories Behind the Food We Eat*, Princeton, 2016, pp. 325-328
31 David Lewis and Margaret Leitch, *Fat Planet*, p. 202
32 Neil Pennington and Charles W. Baker, eds, *Sugar – A User's Guide to Sucrose*, New York, 1990, p. 103
33 Neil Pennington and Charles W. Baker, eds, *Sugar*, pp. 165, 171, 177

第15章　软饮的真相

1 Colin Emmins, 'Soft Drinks', in Kenneth F. Kiple and Kriemhild Conee Ornelas, eds, *The Cambridge World History of Food*, Cambridge, 2000, vol. I, pp. 702–711
2 Andrew Coe, 'Soft Drinks', in *The Oxford Companion to American Food and Drink*, Andrew F. Smith, ed., New York, 2007, p. 546
3 Andrew Coe, 'Soft Drinks', in *The Oxford Companion to American Food and Drink*, Andrew F. Smith, p. 54
4 Andrew Coe 'Soft Drinks' in *The Oxford Companion to American Food and Drink*, Andrew F. Smith, ed., p. 546
5 Joseph E. McCann, *Sweet Success: How NutraSweet Created a Billion Dollar Business,* Illinois, 1990, p. 80

6 Bartow J. Elmore, *Citizen Coke – The Making of the Coca-Cola Capitalism*, New York, 2010, pp. 76–77
7 Bartow J. Elmore, *Citizen Coke* . . ., pp. 85–87
8 Bartow J. Elmore, *Citizen Coke* . . ., pp. 100–101
9 Bartow J. Elmore, *Citizen Coke* . . ., pp. 105–106
10 Bartow J. Elmore, *Citizen Coke* . . ., pp. 106–107
11 Mark Prendergast, *For God, Country and Coca-Cola: The Unauthorized History of the Great North American Soft Drink and the Company that Makes It*, New York, 1993, pp. 199, 203–204
12 Bartow J. Elmore, *Citizen Coke* . . ., pp. 158–159, 207
13 Letters quoted are reprinted in Mark Prendergast, *For God and Country*, pp. 210–213
14 Bartow J. Elmore, *Citizen Coke* . . ., pp. 168–169
15 Bartow J. Elmore, *Citizen Coke* . . ., pp. 169–179
16 Bartow J. Elmore, *Citizen Coke* . . ., pp. 186–192
17 Bartow J. Elmore, *Citizen Coke* . . ., pp. 178–179
18 Bartow J. Elmore, *Citizen Coke* . . ., pp. 181–182
19 'How the business of bottled water went mad', the *Guardian*, 6 October 2016
20 Bartow J. Elmore, *Citizen Coke* . . ., pp. 263–264
21 Erik Millstone and Tim Lang, *The Atlas of Food*, Brighton, 2008 edn., p. 91; Joseph E. McCann, *Sweet Success*
22 'Corn Syrup', *The Oxford Companion to Sugar and Sweets*, p. 189; Bartow J. Elmore, *Citizen Coke* . . ., pp. 267–269
23 Andrew I. Smith, *Encyclopedia of Junk Food and Fast Food*, Westport, 2008, pp. 259–260
24 Bartow J. Elmore, *Citizen Coke* . . ., p. 270
25 要了解对这些趋势做出精准的分析可参阅John Komlos and Marek Brabec, 'The Transition to Post-Industrial BMI Values in the United States', Chapter 8, in *Insecurity, Inequality, and Obesity in Affluent Societies*, by Avner Offer, Rachel Pechey, Stanley Ulijaszek, eds, *Proceedings of the British Academy*, No. 174, 2012; Bartow J. Elmore, *Citizen Coke* . . ., pp. 270–271。
26 Bartow J. Elmore, *Citizen Coke* . . ., pp. 272–273
27 Michael Moss, *Salt, Sugar, Fat*, pp. 97–109
28 Michael Moss, *Salt, Sugar, Fat*, pp. 110–113

29 Michael Moss, *Salt, Sugar, Fat*, pp. 113–115
30 Michael Moss, *Salt, Sugar, Fat*, pp. 116–117
31 Michael Moss, *Salt, Sugar, Fat*, pp. 131–132

第16章 扭转趋势——征收糖税及其他措施

1 'The WHO calls on countries to reduce sugar intake among adults and children', WHO Media Centre, 4 March 2015
2 Statistics and facts on Health and Fitness Clubs, www.statistics.com; accessed 28 January 2016; 'State of the UK Fitness Industry', report, June 2015, www.leisured.com; accessed 28 January 2015
3 *Sugar Reduction: The Evidence for Action*, 2015, London, p. 5
4 *Sugar Reduction*, p. 9
5 Avner Offer, *The Challenge of Affluence: Self-Control and Wellbeing in the United States and Britain Since 1950*, Oxford, 2006
6 *Sugar Reduction*, p. 22
7 *Sugar Reduction*, p. 20
8 *Sugar Reduction*, p. 22
9 *Sugar Reduction*, p. 21
10 *Sugar Reduction*, p. 28
11 'Revealed: high sugar content of hot drinks', the *Guardian*, 17 February 2016
12 *Sugar Reduction*, p. 27
13 *Sugar Reduction*, p. 30
14 *Sugar Reduction*, p. 23
15 First Leader, *The Times*, 22 October 2015. 此后多位知名记者持续报道了此新闻。
16 David Aaronovitch, 'We need heavy weapons to win the obesity war', *The Times*, 28 July 2016
17 The *Daily Telegraph*, 3 January 2015
18 Robert H. Lustig, *The Hidden Truth about Sugar, Obesity and Disease*, London, 2014
19 Sarah Knapton, 'Sugar is as dangerous as alcohol and tobacco . . .' The *Daily Telegraph*, 9 January 2014
20 'NHS Chief to introduce sugar tax in hospitals . . .' The *Guardian*, 16 January 2016

21 Tina Rosenberg, 'Mexico's Fat Tax', the *Guardian*, 3 November 2015
22 *The Times*, 7 January 2016
23 Coca-Cola had abandoned cane sugar for fructose corn syrup in 1980

结束语　苦中带甜的前景

1 J. H. Galloway, 'Sugar' in Kenneth F. Kiple and Kriemhild Conee Ornelas, eds, *The Cambridge World History of Food*, 2 vols, vol. II, p. 446; John McQuaid, *Tasty: The Art and Science of What We Eat*, New York, 2015, p. 119

参考书目

Elizabeth Abbott, *Sugar – A Bittersweet History*, London, 2009

Fernand Braudel, *Capitalism and Material Life, 1400–1800*, London, 1967 edn

Jacob Adler, *Claus Spreckels: the Sugar King in Hawaii*, Honolulu, 1966

Cesar J. Ayala, *American Sugar Kingdom: the Plantation Economy of the Spanish Caribbean, 1898–1934*, Chapel Hill, 1999

Peter Brears, *Cooking and Dining in Medieval England*, London, 2008

Linda Civitello, *Cuisine and Culture – A History of Food and People*, Hoboken, 2007

Carole Counihan and Penny Van Esterik, eds, *Food and Culture – A Reader*, London, 1997

David Crawford and Robert W. Jeffery, eds, *Obesity Prevention and Public Health*, Oxford, 2005

Francis Delpeuch, et al., *Globesity: a Planet Out of Control*, London, 2009

Alfred Eichner, *The Emergence of Oligopoly – Sugar Refining as a Case Study*, Baltimore, 1969

Markman Ellis, Richard Coulton, Matthew Mauger, *Empire of Tea – The Asian Leaf that Conquered the World*, London, 2015

Bartow J. Elmore, *Citizen Coke – The Making of Coca-Cola Capitalism*, New York, 2015
David Eltis and David Richardson, *Atlas of the Atlantic Slave Trade*, New Haven, 2010
Ben Fine, Michael Heasman and Judith Wright, *Consumption in the Age of Affluence: The World of Food*, London, 1996
Richard Follett, *The Sugar Masters – Planters and Slaves in Louisiana's Cane World, 1820–1860*, Baton Rouge, 2005
David Gentilcore, *Food and Health in Early Modern Europe – Diet, Medicine and Society, 1450–1800*, London, 2016
Darra Goldstein, ed., *The Oxford Companion to Sugar and Sweets*, New York, 2016
Cindy Hahamovitch, *No Man's Land: Jamaican Guestworkers in America and the Global History of Deportable Labor*, Princeton, 2011
B. W. Higman, *A Concise History of the Caribbean*, Cambridge, 2011
Gail M. Hollander, *Raising Cane in the 'Glades: the Global Sugar Trade and the Transformation of Florida*, Chicago, 2008
Richard J. Hooker, *Food and Drink in America – A History*, Indianapolis, 1981, p. 130
Reginald Horsman, *Feast or Famine – Food and Drink in American Westward Expansion*, Columbia, Missouri, 2008
Colin Jones, *The Smile Revolution in Eighteenth-Century Paris*, Oxford, 2014
Kenneth F. Kiple and Kriemhild Conee Ornelas, eds, *Cambridge World History of Food*, 2 vols, Cambridge, 2000
Rachel Laudan, *Cuisine and Empire: Cooking in World History*, Berkeley, 2013
Hilary Lawrence, *Not on the Label – What Really Goes into Food on Your Plate*, London, 2013 edn
David Lewis and Margaret Leitch, *Fat Planet – The Obesity Trap and How We Can Escape It*, London, 2015 edn
Harvey A. Levenstein, *Revolution at the Table: the Transformation of the American Diet*, New York, 1988
Robert Lustig, *Fat Chance – The Hidden Truth about Sugar*, New York, 2013
April Merleaux, *Sugar and Civilisation. American Empire and the Cultural Politics of Sweetness*, Chapel Hill, 2015

Sidney Mintz, *Sweetness and Power – The Place of Sugar in Modern History*, London, 1985
Katheryn A. Morrison, *English Shops and Shopping*, New Haven, 2003
Michael Moss, *Salt, Sugar, Fat*, London, 2014
Marion Nestle, *Soda Politics – Taking on Big Soda (and Winning)*, New York, 2015
D. Oddy and D. S. Miller, eds, *The Making of the Modern British Diet,* London, 1975
Avner Offer, *The First World War – An Agrarian Interpretation,* Oxford, 1989
Avner Offer, Rachel Pechey, Stanley Ulijaszek, eds, *Insecurity, Inequality, and Obesity in Affluent Societies*, Proceedings of the British Academy, 174, Oxford, 2012
Matthew Parker, *The Sugar Barons – Family, Corruption, Empire and War*, London, 2012
Barry Popkin, *The World is Fat,* New York, 2009
Mark Pendergast, *For God, Country and Coca-Cola – The Unauthorized History of the Great North American Soft Drink and the Company that Makes it*, New York, 1993
Tsugitaka Sato, *Sugar in the Social Life of Medieval Islam,* Leiden, 2015
Stuart B. Schwarz, *Sugar Plantations in the Formation of Brazilian Society, Bahia, 1550-1835*, Cambridge, 1995
L. D. Schwarz, *London in the Age of Industrialisation*, Cambridge, 1992
Andrew F. Smith, *Drinking History: Fifteen Turning Points in the Making of American Beverages*, New York, 2013
Andrew F. Smith, ed., *The Oxford Encyclopedia of Food and Drink in America,* New York, 2007
Frederick H. Smith, *Caribbean Rum – A Social and Economic History,* Gainesville, Florida, 2005
Jon Stobart, *Sugar and Spice: Grocers and Groceries in Provincial England, 1650– 1830,* Oxford, 2012
Jon Stobart, *Spend, Spend, Spend – A History* of *Shopping,* Stroud, 2008
Joan Thirsk, *Food in Early Modern England – Phases, Fads, Fashions, 1500–1760,* London, 2007
Jennifer Jensen Wallach, *How America Eats – A Social History of US Food and Culture,* Lanham, Maryland, 2013

James Walvin, *Crossings – Africa, the Americas and the Atlantic Slave Trade,* London, 2013

David Watts, *The West Indies – Patterns of Development, Culture and Environmental Change since 1492*, Cambridge, 1987

Barbara Ketcham Wheaton, *Savoring the Past: the French Kitchen and Table from 1300–1789*, London, 1983

Bee Wilson, *First Bite – How We Learn to Eat,* London, 2015

Wendy A. Woloson, *Refined Tastes – Sugar, Confectionery and Consumers in Nineteenth-Century America*, Baltimore, 2002

John Yudkin, *Pure, White and Deadly*, London, 1972

致　谢

我与糖的个人渊源和专业理解可以追溯到很久以前。1967 年夏天，我开始撰写关于牙买加沃西·帕克糖业公司的论文。就是在那个时候，我第一次了解到糖的历史和糖业经济。

在此后的 50 年里，在牙买加的故人好友们总是对我的旧地重游欢迎之至，他们热情、友好，而且有求必应。我要特别感谢沃西·帕克糖业公司的罗伯特和比利·克拉克夫妇、彼得和乔尼·麦康奈尔夫妇。

这些年来，大卫和安德里亚·霍普伍德夫妇、奥利弗·克拉克和莫妮卡·拉德也同样热情好客，给予了我莫大的支持。我希望他们明白，他们给予我的友谊和支持，对我来说意义重大！

与此同时，我还去过牙买加、巴巴多斯和英联邦的图书馆、文献档案馆,在那里了解了糖史的方方面面。尽管我经常“见异思迁”，做一些相关领域的研究，尤其是奴隶制和奴隶贸易，但是糖史始终是我著述和讲授的中心问题。直到我写这本书的时候，我才真正意识到糖对我的研究的影响是多么得深刻!

我最想感谢的是我已故的朋友迈克尔·克拉顿。我们相识于研究生时代，就是他最早说服我与他一起前往牙买加，而当时我认为那只不过是一次投机冒险之旅。最终,我们完成了一部著作——《牙买加种植园:沃西·帕克糖业公司史（1670—1970）》(1970年出版)。在牙买加共同奋战的3年（1967—1970），我不但意识到糖和奴隶制的重要性，而且还促使我从更广阔的视角看待英国的历史。自始至终，迈克尔是一名严厉的导师，他治学严谨，作品同样精雕细琢、精益求精。他开设的编辑课程对我的写作生涯大有裨益。

作为学术期刊《奴隶制与废奴运动》杂志的联合主编，我与加德·赫曼共事多年。他对我的影响深远，他是一位强有力的支持者，更是我的莫逆之交。

巴里·希格曼是他那个时代最杰出的历史学家之一。他的研究成果卓越，范围极广且细致入微，无人能出其右。他对本书有着巨大的影响，任何研究加勒比海地区历史的学者都不可避免地受益于他。

糖史研究的初学者可以阅读伊丽莎白·雅伯特的著作《糖：苦乐参半的历史》(2008年出版)，这是一本很好的启蒙书。

与其他研究糖史的学者一样，我最想感谢西德尼·明茨（Sidney Mintz），特别是他的《甜蜜与权力》（1985）一书。西德尼·明茨誉满天下，博学睿智，善于点拨同仁。他鼓舞了无数青年学者。本书虽然并不是《甜蜜与权力》一书的续集，但是没有它，就不会有本书的诞生。

以下3个图书馆对本书的创作贡献巨大：约克大学图书馆、威廉玛丽学院的瑞典图书馆及伦敦的威康图书馆。我还要特别感谢美国甜菜糖业协会会长詹姆斯·约翰逊。在他的批准下，我得以进入该协会华盛顿办事处的图书馆。

另外，我还想感谢伦敦的马丁和瑞秋·皮克夫妇、华盛顿的帕齐·西姆斯和鲍勃·卡什多纳，纽约的比尔和伊丽莎白。他们的热情好客，使此书的撰写过程变得更加愉悦。

多年待在威廉斯堡的那段岁月里，我很幸运地结识了马琳和比尔·戴维斯夫妇、托利和安·泰勒夫妇，他们让我觉得宾至如归。

我还要特别感谢本·海耶斯。在他的鼓舞下，我才能完成本书的写作。经纪人查尔斯·沃克和责任编辑邓肯·普罗德富特，在整个写作过程中也给予了我莫大的支持；我还要感谢乔恩·戴维斯，他的编辑能力大大提高了本书的最后校次的质量。

最后，我要感谢珍妮·沃尔韦恩，她总是让一切成为可能。